华东乡土植物

寿海洋　莫海波　主编

编委会

（按姓氏拼音排序）

方　杰　葛斌杰　龚　理　郭卫珍　蒋　虹

蒋凯文　李晓晨　卢　元　莫海波　任　磊

寿海洋　王　挺　王凤英　王晓申　吴帅来

郗　旺　肖月娥　严　靖　叶喜阳　翟伟伟

北京大学出版社

PEKING UNIVERSITY PRESS

图书在版编目（CIP）数据

华东乡土植物 / 寿海洋，莫海波主编. —— 北京：北京

大学出版社，2025. 1. —— ISBN 978-7-301-35652-4

Ⅰ. Q948.55

中国国家版本馆CIP数据核字第2024VC5358号

书　　　名	华东乡土植物	
	HUADONG XIANGTU ZHIWU	
著作责任者	寿海洋　莫海波 主编	
责 任 编 辑	周志刚	
标 准 书 号	ISBN 978-7-301-35652-4	
出 版 发 行	北京大学出版社	
地　　　址	北京市海淀区成府路 205 号　　100871	
网　　　址	http://www. pup. cn　　　新浪微博：@ 北京大学出版社	
微信公众号	通识书苑（微信号：sartspku）科学元典（微信号：kexueyuandian）	
电 子 邮 箱	编辑部 jyzx@pup.cn　　　总编室 zpup@pup.cn	
电　　　话	邮购部 010-62752015　发行部 010-62750672	
	编辑部 010-62753056	
印 刷 者	天津裕同印刷有限公司	
经 销 者	新华书店	
	787 毫米 ×1092 毫米　16 开本　27.5 印张　360 千字	
	2025 年 1 月第 1 版　2025 年 1 月第 1 次印刷	
定　　　价	138.00 元	

前言

Preface

  在古老而又充满活力的中华大地上，华东地区（包括上海、江苏、浙江、安徽、福建、江西和山东，面积 83.43 万平方千米）以其独特的地理环境和丰富的自然资源，孕育了丰富多样的植物种类。据 2023 年出版的《华东植物名录》记载，华东地区共有高等植物 8000 余种。这些植物不仅是自然界的瑰宝，更是与当地居民生活以及民俗文化息息相关的伙伴。

  与此同时，华东地区拥有发达的经济和较高的人口密度，尤其是长江三角洲地区，人类活动和城镇化进程严重破坏了原生环境，造成许多植物的分布区日渐狭窄，有的植物更是成为亟待我们关注和保护的珍稀濒危物种。

  自然环境的减少叠加快节奏的生活方式，使人们在朝九晚五的紧张生活中与大自然渐行渐远。曾几何时，约上三五好友来一场 Citywalk 或者近郊露营，乃是成年人放松身心的首选方式。在这些短暂的户外时光中，人们偶尔会在不经意间发现一抹熟悉的植物身影，进而唤起一段深刻在脑海中的儿时回忆。此时，这些从人们早年生活中走来的植物，已不单单是植物本身，它的身上有一代人的集体回忆。《华东乡土植物》一书，既是对华东地区乡土植物的一次深情致敬，也是对这片土地深厚文化底蕴的一次探索。

为了让这些乡土植物在我们的记忆中重新鲜活起来，本书创作团队从 2018 年 1 月开始，用一年的时间陆续在上海辰山植物园官方新媒体上围绕华东地区的乡土植物发表了系列文章。这些文章不仅描述了植物的形态特征、生长环境、分布范围，而且深入挖掘了它们在当地文化、经济和生态中的重要地位，并以现代植物学的眼光重新审视了它们。

我们还清楚地记得网友们在留言区里的评论："勾起了我的童年回忆，记得小时候经常收集……""在儿时的记忆里很多植物只有方言中的名字，真正的学名叫什么到现在才搞明白。""有的植物并不常见，因而充其量只是'野草'的统称，就像很多人把不认识的昆虫都叫成'虫子'一样。""喜欢这个系列的文章。""涨知识了，我像着了魔一样被吸引住了。每次都好期待下一个推送，每次都要反复看几遍。真想把植物园搬到我们家……""这个系列会出书吗？有的话一定买一本。"网友们对乡土植物内容出乎意料的热情，让我们在当时就下定了决心："一定要出一本书，不然对不起大家的热情。"

本书精心挑选的 100 篇文章，从"民俗植物""山野植物""食药用植物""园林植物"以及"珍稀植物"五个类别呈现了华东地区植物的多样性与独特性。通过本书,读者朋友既能了解植物的自然属性及其赋予人们的美好感受,还能体会到植物与人的物质联结和精神联系。

在"民俗植物"篇中,我们将一同走进那些承载着民间传说与习俗的植物世界。这些植物不仅是自然界的成员,更是文化传承的载体,它们的故事和象征意义,为我们提供了一扇窥探华东地区丰富民俗文化的窗口。

"山野植物"篇则带领我们走进山林深处,探索那些在自然环境中顽强生长的植物。这些植物以其独特的生存策略和适应能力,展现了生命的顽强与美丽,同时也为我们提供了关于生态保护和生物多样性的重要启示。

"食药用植物"篇将使我们了解到那些既可食用又具有药用价值的植物。这些植物不仅是当地居民餐桌上的美味,而且是传统医学中不可或缺的药材,它们的存在,体现了人与自然和谐共生的智慧。

"园林植物"篇则聚焦于那些在园林景观中扮演重要角色的植物。这些植物不仅美化了我们的居住环境,更是城市绿化和生态平衡的关键因素。通过这些植物,我们可以感受到园林艺术的魅力,以及植物在提升生活质量中的重要作用。

最后,"珍稀植物"篇是对具有代表性的华东地区珍稀濒危植物的一次集中展示。这些植物的存在,提醒我们保护自然环境的紧迫性,同时也展现了生物多样性的宝贵价值。

《华东乡土植物》不仅是一本关于植物的图书，更是一本关于自然、文化和生活的书。我们希望通过这本书激发出读者对自然的关注和热爱，同时也促进社会力量对乡土植物的深入保护和研究。愿这本书能够成为连接人与自然、传统与现代、父母和孩子的桥梁，让我们在忙碌的现代生活中，不忘回望那些生长在脚下的土地，珍惜那些与我们共同呼吸的植物，同时将这份情感传承下去。

由于水平有限，本书存在错误、疏漏或不足之处在所难免，我们衷心期待读者朋友们及时给予反馈（联系邮箱：shouhy@126.com），以便在将来作进一步的修订和完善。

本书的出版得到了上海市绿化和市容管理局辰山专项（G212413）的资助，在此表示衷心的感谢。

编者

2024 年 10 月

目录

Contents

民俗植物

山野植物

食药用植物

园林植物

珍稀植物

民俗植物

MINSUZHIWU

慈姑

"嫌贫爱富"的水中土豆

图01 慈姑植株

　　慈姑是非常典型的江南水菜，离开了江南餐桌上便难得看到。八月的水田里，高大的慈姑已经抽薹开出了一束束小白花。野地里也有野生的慈姑，长得没有人工栽培的壮实，却可以遍地都是，三角形的叶子从深水中竖起（图01），非常容易看到。

1. 剪刀状的独特叶子

慈姑名字的由来很有意思。民间传说，水中的慈姑，一月生一个，十二月便生十二个，年终把它从塘泥中挖出来，根上就会生有十二个白白胖胖的小慈姑。这同株一年能生十二子，还能在烂泥里把"孩子们"养得如此白净的母亲，必定是慈爱有加的好母亲，于是它便有了"慈姑"这个名字。

图02 慈姑花朵

慈姑，水田中常有。慈姑好认，一把三角戟形的叶子一丛一丛地长在田边的浅水里。入伏之后，慈姑高大的三角叶丛里会探出长花梗，上面开出零散细碎的小白花（图02）。慈姑的花朵虽不大，却极为素雅，偶然发现有离岸近的，便想剪些叶子和花插瓶。只可惜这花并不能持久，打蔫了便没有了意趣。于是想来还是到塘边来看，毕竟有荷香或者稻香的映衬，它便显得更丰腴了。

2. 慈姑好吃不好采

秋水涨过秋水落，慈姑的枝叶一时没入水中，又一时挺出水面。慈姑叶片宽大，粗壮的叶柄中有如海绵一般布满孔洞（图03），短时间的淹水并不影响慈姑的呼吸，并且较高的水位会刺激慈姑在泥中生发匍匐茎，在匍匐茎的顶端便会膨大长出小慈菇。入冬水退，慈姑地上部分会干枯倒落。在塘泥未干之前，是收慈姑的最佳时

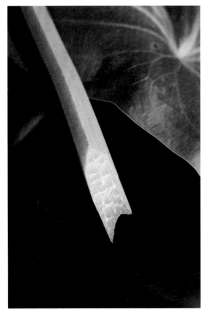
图 03 慈姑叶柄横切面

图 04 慈姑球茎

节。收慈姑是辛苦活，男人在前面砍叶翻泥，而女人则在后面弯腰在泥中摸索。慈姑根系庞杂，在烂泥与细碎的根之间找到白胖的球茎不是一件容易的事情。慈姑球茎椭圆，在球茎顶上长着尖而长的细芽（图 04）。摸索球茎的时候还得防着不要把芽碰断，一是缺了卖相，二是不便保存。

3. 有人说慈姑"嫌贫爱富"

　　慈姑既可烧菜，也能煨熟了吃。慈姑本来生得白嫩，而煨熟慈姑则要选微黄老熟的。把慈姑剥鳞削皮，搁在煮锅里加满水，煨熟的方法与荸荠相同。煮熟出锅的慈姑不面不烂，一口咬下去才发现原本粉脆的慈姑肉原来可以变得软糯鲜香。只是这慈姑有些微苦，空口吃的话只能算做利口的食物。倒是这轻微的苦味，成就了慈姑的性格。

　　有人说慈姑是"嫌贫爱富"菜。慈姑"爱富"，是由于慈姑最适合与肉同煮。慈姑烧肉是一道标准的江南菜，不易酥烂的慈姑与肉久炖，最后出锅的美味让人惊叹。慈姑有型，原本让人有些不爱的苦味已经被肉的咸香所中和；肉则软烂，其油被粉质的慈姑吸收，干净爽快不腻喉。慈姑"嫌贫"，是由于它不善素食，将慈姑清炒或是与鲜蔬同肴，慈姑的苦味就会原形毕露，惹得食者颇为不悦。当然，"嫌贫爱富"的说法有些片面，慈姑的苦味其实是衡量了与其同食的食材口味的丰腴程度。当同食的食材口味丰腴的时候，慈姑的苦味便会在丰满浓郁的味觉中涣散；而食材口味清淡的时候，这独特敏感的苦味便会凌驾于其他食材之上，成为慈姑独立的个性。如此看来，慈姑这种秉性让它有别于其他蔬菜，或许这也正是沈从文先生所赞扬的它的"格"吧。

（作者：方杰）

荸荠

江南人的"元宝饭"

图01 荸荠

荸荠是江南水乡一种非常有特色的农作物，在南方常俗称为马蹄，为莎草科荸荠属丛生性的水生草本植物，其地下球茎扁圆而色泽紫红（图01），以皮薄肉嫩、松脆爽口、汁多清甜而久负盛名，可作为水果、蔬菜，亦可制罐头、凉果蜜饯、淀粉，既可生食又能熟食，深受人们的喜爱。有些地方的方言把慈姑叫作"白慈姑"，而把荸荠叫做"红慈姑"。这样的叫法源于慈姑与荸荠是好兄弟，但凡有水草的地方，它俩常会挨着长。

1. 吃过的人可能大多没见过该植物长啥样

荸荠的名字由来比较有趣。荸荠原名"凫茈"，"凫"指喜欢在水中浮游的野鸭，而"茈"则通"紫"，宋代罗愿在《尔雅翼》中解释道："凫茈生下田中……名为凫茈，当是凫好食尔。"野鸭爱吃的紫实，这样的名字倒十分贴切，可惜这个名字渐渐被人忘掉了，只留下了名字的发音。随着时间推移，发音经过几次声转之后化作了"荸脐"二字，又因其为水草，而谓之"荸荠"。荸荠秋冬成熟，慈姑亦然，这对上市都在一起的好兄弟，既然荸荠叫"凫茈"，那么慈姑就叫做"河凫茈"了。

　　水田里的荸荠不好认，它喜欢夹杂在熙熙攘攘的杂草丛里。邻居的稗子个头比它高，莎草又蓬蓬松松占满浅水，只有荸荠那细长的叶状茎不高不矮的像一丛长筷子直挺挺地戳在水中。荸荠的叶状茎是长长的棒状（图 02），细细地直立在水中，远看像极了韭菜，近看却好似高高的木贼（图 03）。秋天临近的时候，荸荠也会开花，但是它的花极其不明显，只是在棒状的花茎上吐出零星小蕊（图 04），还不及它旁左的灯芯草来得高挑招摇。

　　秋水涨过秋水落，荸荠也会像慈姑一样，一时没入水中又一时挺出水面。荸荠极耐淹水，在它圆柱形的叶状茎里，长满了一格一格的气室，可以存储空气以防水淹。荸荠长在泥中的匍匐茎要发达

图 02 荸荠的植株

图 03 木贼

图 04 荸荠的花序

得多，它会从四面八方长出一丛一丛的分蘖苗，而每一株苗下都会长出众多的紫红色球茎。

2. 采收荸荠你会吗？

入冬水退，荸荠的地上部分会干枯倒落。烂泥里的荸荠收起来比慈姑要省力一些，等其茎秆开始倒伏之后，便可扒泥收获荸荠了。收荸荠虽然是大人们的事情，但是荸荠个头小，泥塘稀松泥里总会有遗漏。这时孩子们便上了场，用赤脚在烂泥里慢慢踩踏，只要踩到一个硬疙瘩，伸手摸下去准是一个枣红色的荸荠。

水田里的荸荠产量高，于是在江南地势低洼的水淹地里，它是常见的农作物。人们把它与莲藕一起轮作，当作粮食作物以外的补充。荸荠虽然只是季节水菜，但是富含淀粉的球茎可以作为救荒时的食物。在水淹时荸荠的产量则基本不受影响，于是在洪涝的灾年，荸荠便是极为难得的救命粮。

3. 荸荠除了生吃还能怎么吃?

荸荠别名众多，"地栗"这个名字的由来便是因其形状扁圆，外皮光亮紫红，犹如板栗。鲜荸荠是很好吃的零食，只要过了立冬，江南的集市上常有人卖小堆的荸荠。摊在地上的荸荠外皮上还裹着塘泥，个个都是灰溜溜的泥蛋子。

荸荠有两样，需要把这泥蛋子洗干净了才能看得出。俗话有言："荸荠分铜铁。"铜箍荸荠色泽红润个大脆甜，而铁箍荸荠色泽暗黑肉紧耐存。荸荠甘甜爽脆，既可生吃，也可以直接煮熟吃。江南叫煮荸荠是"煨熟荸荠"，做法极其简单：锅中水没过荸荠，大火烧开，小火煨煮，一个钟头便可以出锅。煮熟的荸荠虽形色不变，原本难剥的皮变得吹弹可破，剥出的荸荠肉也不再是雪白，而是像蜜渍了一样润黄，塞进嘴里甘甜挂齿，却毫无渣滓。

荸荠在江南人的生活里下得了厨房也上得了厅堂。民间常把荸荠比做元宝，大抵是因为它扁圆，中央有小凹坑，再加上一粒钝圆的芽子看上去就像元宝。苏州有吃"元宝饭"的习惯，每到除夕煮年饭，便把几粒荸荠埋在米饭中烧熟，吃饭时看谁能掘得到荸荠，掘到者便意味着来年福财两旺。

在上海，荸荠还是腊月年节里祭灶的必备贡品。荸荠取其味甜之意，希望灶王爷吃了之后能在玉皇大帝面前美言。在北方，尤其是老北京人过年的时候，风干荸荠是置办年货的必备。这年货多少才能算过年? 富人有富人的过法，穷人有穷人的过法。然而年货不在乎多少，而在乎这荸荠买到了没有。荸荠一到，这年货也就"必齐"了。

（作者：方杰）

菱 角

采菱科，采菱科，小舟日日临清波

七月的荷塘里，莲花的香味中总会带着另一种清香味，尤其是夜色初起的时候，水塘里弥漫的湿气会把这隐士般的香气徐徐送来。此时你会明白，不出半月又有一种清甜的果子准备上市了。这种果子便是菱角。

1. 江南水红菱

未到江南，很多人只吃过冬天用小火煨熟的绵甜菱角。去过江南之后，才知道长着弯角的老菱只是菱角的一种，并且大多数的菱角都是吃新鲜的。鲜吃的菱角最好不过水红菱（图01），它与双角老菱不同，成熟的水红菱有向外棘出的四只角。

八月末的处暑和九月的白露之间正是菱角上市的时候，清凉的井水里泡着刚上岸不久的菱角。

图01 水红菱

水红菱的颜色很艳，尤其在清净的水里，仿佛一下子把水染尽了。下手捞起一只，用牙咬开，剥去让牙齿带涩的皮，白嫩的菱肉就可以滑溜溜地入嘴。什么季节都有应景的食物，水菱角的滋味是那样的清淡，舌尖上也只停留一丝的甜味，牙齿嚼久了，满口沁出说不出的香味，驱使着手继续去捞水中的红菱。

江南的菱角可以从白露一直吃到秋末，可以从秋塘涨水吃到水落。红菱吃尽有青菱，青菱吃尽还有从菱棵上落下的落水菱。落水菱和老菱一样，可以煨熟了吃，虽少了些鲜菱的水嫩，却多了几分冬天时厚重的甘甜。

2. 菱角，一种奇特的水生植物

倘若落水菱无人捡拾，它在塘泥里默默地过了冬，春水初涨的时候，菱苗就会从老菱角的顶上长出来。菱苗纤弱，需要靠锚在泥里的老菱供给养分，这从母亲那里带来的营养可以一直供养小苗在水面长出菱盘。

菱角的叶子很独特，长着长梗的菱形叶螺旋形地排列在短缩的菱茎上。菱角的叶梗从内到外逐渐变长，这样可以相互镶嵌着排成圆形的"菱盘"（图02），从而使叶片更为合理地享受光照。

菱角的叶梗上还生有膨大的气囊（图03），跟着叶片围成一圈，气囊可以使菱盘四平八稳地浮在水上，就算有风浪也不会沉底。菱

图 02 菱角植株

图03 菱叶柄的气囊

角古称"芰",大概是这种梗叶相接撑浮着菱盘的意思,《本草纲目》云:"其叶支散,故字从支。"菱角多生于平原水乡之处,它生长迅速且极其茂盛。六月末生长菱角的湖面会为密密麻麻的菱盘所遮盖,仅留出一条行船的水道。

我生长的地方虽在北方,但偶尔也会有菱的影子。夏天的浅塘处偶然会有一两棵浮在水面,或许是旧年人们丢弃的菱角发出来的,也或许是不知从何处漂来的。孩子们见到漂在水面上的孤独的菱盘,便用石子砸它,想方设法让它沉入水中。然而,无论使多大力都是徒劳的,石子激起的水波只会一点一点地推着菱盘荡入深处,而水中纤长的根茎又会渐渐地把它扯回来。

3. 菱花

"风动芰荷香四散,月明楼阁影相侵。"(唐·罗隐《宿荆州江陵驿》)莲荷扶摇亭立,而菱香却含羞脉脉。

图04 菱花

菱角花小而白(图04),在七月天气初热时开始吐露在密不透风的菱叶间。俗语有"菱寒芡暖",意为菱花背阳而芡实花向阳,菱花躲在叶下,要等到傍晚或夜间才徐徐开放。

花落之后便生菱角,果实也

极为低调，只会默默地沉在水中，想要摘它则要把菱盘翻过来才寻得到。八月末，菱盘的叶片开始立出水面，菱角也开始成熟了。

菱花成对开，菱角也两两相对地结在菱盘下面，采菱之时摘下一枚菱，不用瞧便知道菱盘的对面也必定有一枚。这对同生菱，好似相爱的恋人，就像《采红菱》里唱的："好像两角菱也是同日生，我俩一条心"，让人遐想几分。一只菱盘一季可以结十几只菱角。看着满塘密而遮波的菱盘，便知这产量也绝不会少。

4. 传统美食

水乡菱角习见，人们自古就开始采集野生菱角作为果腹的食物。七千年前的河姆渡文化和马家浜文化遗址中都出土了成堆的菱壳，欧洲南部的史前遗址也有大量菱类遗存出土。

中国最早记载菱角栽培的是《齐民要术》，书中简单记录了原始的种植方法，即将老熟的菱角丢入塘中由其自生。与水稻等农作物相比，菱角的管理要简便得多，而且菱角也不怕涨水淹没，在水患频繁的淤积湿地里菱角也能在灾害来时保证产量。

历代农政文献中常把菱角当作凶年饥荒时的救荒作物，用以代粮。菱的茎叶，即人们讲的"菱科"，其嫩茎与叶梗也可以作为蔬菜来食用。产菱之地，菱科常作为蔬菜，塘中菱科长到一片肥绿的时候便可以捞取入食。将菱科掐去气囊与叶片，摘心除根，便可切可渣，口感脆嫩的它也算得上是一道爽口的菜肴。

明代散曲家王磐的《野菜谱》中，便有他描写当时人们采摘菱科的小曲：

采菱科，采菱科，小舟日日临清波。菱科采得余几何？竟无人唱采菱歌。风流无复越溪女，但采菱科救饥馁。

（作者：方杰）

茭白

病变成就的美食

图01 《救荒本草》中茭白的内容

茭白，古人谓其茭笋。"茭笋"这个名字非常形象，《救荒本草》中所画的禾草一般的图样（图01），其叶间有膨大如笋的构造，这便是茭白。图旁有云："采茭菇笋，热油盐调食。"茭白既然以笋为名，两者必有相似之处。冬笋不易得，一年的春夏秋三季更无踪影；茭白多产于江南，其气息犹如江南风物般被柔雨抑或涓流、静波涤荡过，净无杂味而清鲜，这与冬笋尤为相似。

茭白之本茭草，喜爱生长在水中。若说笋的清鲜源自山无纷扰，那么茭白的清鲜则来自水无杂染。东晋《西京杂记》里描写汉太液池的风光："太液池边，皆是雕胡紫箨绿节之类。菇之有米者，长安人谓之雕胡。葭芦之未解叶者，谓之紫箨。菇之有首者，谓之绿节。"葛洪提及的"菇"便是如今的茭草。

1. 茭白与菇米是什么关系？

茭草是多年生的水生植物，与禾草类同属禾本科。《本草纲目》

有述："江南人称菰为菱，以其根交结也。"太液池边的菰，有一类茎生有首的，被称为"绿节"，这里的绿节便是后世可以出产茭白的茭草。茭白生于茭草叶片出水之下的缩短茎顶端，为层层错落的叶鞘所包裹（图02），外观看上去虽不甚明显，但可以发现叶柄包裹的茎膨大如笋。如此一来，茭白是尚被包

图02 茭白

裹在叶鞘中的茎端，那么自然也是如同笋芽一般的纤细幼嫩之处。

然而在《西京杂记》的描述中，原本为一种的菰，却被分为"有米"和"有首"两类，只有"有首"的一类才会被称为"绿节"。那么，绿节与另一种菰有什么样的关系呢？

菰是广泛野生于东亚、东南亚及其附近岛屿的水生植物。菰与水稻的亲缘关系较近，多年生的菰要比水稻高大许多，修长具有粗齿的叶片可以长到两米多高。每年初夏开始，生于水中的菰便开始抽穗开花（图03），其花似芦苇，但穗瘦而花大。菰的花期很长，从初夏至秋都会开放，花落便结实。从仲夏到晚秋，其穗上的

图03 菰的花序

果实随结随落，这种正常开花结实的菰便是古人所说的"有米"的"雕胡"。

而还有一类菰，因为受外界真菌感染而发生病害，原本要发育成花穗的部分受到真菌的刺激而增生出肥大的薄壁组织。发生病害的菰不再会长穗开花，而只会长出肥大的"菌瘿"。这样的菰，便发育成了"有首"的"绿节"。

2. 一场病变却成为人类的菜肴

寄生在菰草上的真菌因其黑色粉状的孢子而被称为黑粉菌。自然界的黑粉菌种类繁多，它们最喜欢寄生在禾本科、莎草科等植物体内，最常见的除了寄生在菰草中的菰黑粉菌，还有寄生在高粱花穗上的高粱黑粉菌以及寄生在玉米植株上的玉米黑粉菌。

黑粉菌寄生在寄主体内，它一般会分泌类似生长激素的物质来刺激寄主活跃的薄壁组织。薄壁组织是存在于植物体内的活跃细胞组织。它们虽然已经成熟，但是这些细胞壁较薄、分裂活跃的细胞还能继续分生成其他植物器官。

真菌正是利用了这一点。它刺激薄壁细胞无限制地分裂，形成肥大的营养体来聚集营养和水分以供真菌生长。真菌生长成熟，它还会促使这些肥大组织破裂来释放其黑色的孢子，进而感染其他健康植株。

菰黑粉菌便是刺激菰草茎端的花芽分化组织，让其长成营养丰富且多汁的"茭白体"，而人们食用的便是这个部位。若是受病的菰继续生长，白嫩的"茭白体"会因真菌成熟产生厚垣孢子而变黑，故被称为"灰茭"（图04）。"灰茭"可以释放黑色的孢子，真菌的孢子会随水传播，从而感染其他正常的菰草。

中国人很早就发现了菰草会发生病理性变态而产生茭白体，正如东晋葛洪所说的"绿节"，以及唐人提到的"乌郁"。虽然它属于

菰草的一种病害，但是清甜肥嫩的茭
白对人则有益而无害，于是人们很早
便采来作为佳肴。

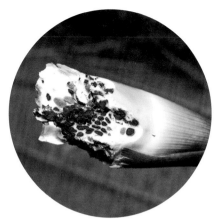

在自然环境中，菰发生黑粉病感
染的概率并不高，并且肥大的营养体
若不及时采摘便会因产生孢子而无法
食用。因此在宋代以前，这种难得的
蔬菜仅被作为地方珍馐。《尔雅·释

图 04 感染黑粉菌的野生菰

草》中记载："出隧，蘧蔬"。晋人郭璞注曰："蘧蔬似土菌，生菰
草中，今江东啖之，甜滑。"北宋的《图经本草》中记述："（菰）
春亦生笋甜美，堪啖，即菰菜也，又谓之茭白，其岁久者，中心生
白薹如小儿臂，谓之菰手。"

3. 茭白与菰米，不可兼得

茭白被中国人作为家常美食，可以说是集天时地利人和的机缘，
但是中国人发现茭白却并非偶然。如此说来，我们还要回到《西京
杂记》的描写里。我们已经明白，太液池畔的"绿节"就是如今被
我们当作蔬菜的茭白，然而在《西京杂记》成书的东晋时期，"绿
节"的地位远不及另外一种被长安人谓之雕胡的"有米"菰，而它
所出产的雕胡米才是人们珍爱的美食。

《周礼·天官·膳夫》有载："凡王之馈，食用六谷。"唐代贾
公彦为之疏曰："六谷知有稌、黍、稷、粱、麦、苽者。"其中的
"苽"便是雕胡米。李白《宿五松山下荀媪家》中"跪进雕胡饭，
月光明素盘"，以及杜甫《江阁卧病走笔寄呈崔卢两侍御》里所描
绘的"滑忆雕胡饭，香闻锦带羹"，都足见其对雕胡米的珍爱。然
而到了两宋，雕胡米的地位却一落千丈，苏颂在《图经本草》中这
样写道："大抵菰之种类皆极冷，不可过食，甚不益人。"

图 05 煮熟的菰米

　　茭白栽培的成熟，使得作为饭食的雕胡米走向了没落。但是雕胡米并没有完全淡出人类的视野。在现在的北美，生长着菰的"亲戚"——北美菰与沼生菰，它们因种子具有丰富的营养而逐渐受到人们的青睐。

　　关于北美菰还有一则笑谈。在欧洲人到达美洲之前，北美的印第安人便已经开始搜集北美菰和沼生菰的种子来食用。1683 年，一位名叫亨内平（Hnnepin）的法国神父第一次在五大湖区看到印第安人在采集这种类似稻米的食物。他很好奇，却不认识菰米，于是想当然地把这些无须种植便遍生于水边的谷物称作"wild rice"（野生稻）。

　　这个错误的叫法被沿用下来，以至于后来很多翻译中将北美菰误称为"野生稻"。然而，真实的野生稻只有东南亚以及中国西南部才有零星分布。菰米因其难得而逐渐被人遗忘，但是如今人们日益注重食物营养品质又让其亲戚在世界的另一边受到人们的重视。于是，反观茭白与雕胡，再注目北美菰，人与这种奇妙植物的"相遇"还会如何继续，我们只能拭目以待了。

（作者：方杰）

莲藕

寄托"连年有余"的佳肴

莲花自古以来便深受我国人民的喜爱，在我们的传统文化中，莲花不仅是一种代表诗意和美感的观赏花卉，而且有许多传统文化与它相关联。它是诗人眼中品性高洁的代表，是佛教文化中的圣洁之物，是百姓生活中的重要自然资源，也是象征美好生活、祈求祝福的祥瑞之花。莲花这种植物浑身

图 01 莲藕

是宝，作为其地下营养器官的莲藕（图01），也是我国人民非常喜爱的蔬菜。由于味道鲜美、营养丰富，莲藕于是成了江南"水八仙"中最富有文化内涵的代表。

1. 莲的每个部位都有专有名词

古人对莲这种水生植物很感兴趣。《尔雅》有云："荷，芙渠。其茎茄，其叶蕸，其本蔤，其华菡萏，其实莲，其根藕，其中菂，菂中薏。"以言简意赅为特点的古人，对莲的描述却这样丰富且鞭辟入里。莲生水中，大抵那些无法触及的植物，便会让人产生这种好奇的兴趣。

图 02 莲花

　　莲，花硕大而美丽，古人称之为"扶容"，也叫"芙蓉"，盖因莲花花朵独自在水中挺立（图 02）："容"者意为罐型容器，而"扶"者便是挺立的意思。莲亦称"芙蕖"，这是来自叶子独立水中的情景（图 03）。其中，"蕖"是宽阔的意思，这种称谓似乎和如今"莲"与"荷"一样，单独用花或者叶子的名字来称呼。莲只有叶片和花朵是出水的，古人将其叶柄、花柄叫做"茄"。莲在水下生长的部分也颇为有趣。春天水温提升，旧年伏在淤泥中的藕的顶芽开始萌发，长出细长而横走的茎。这样的横走茎并不似藕那样粗壮，因为它是营养生长的地下茎，古人将这种委蛇的茎称作"蔤"。在"蔤"的节上生出根和叶，于是水面上的荷叶会沿着一条线向前生长。

图 03 莲叶

2. 莲鞭与莲藕

关于蓂与藕，《尔雅》中是这样说的："蓂"为莲之本，"藕"为莲之根。然而这里指的两种，其实都是属于莲花的地下茎。蓂即莲鞭。何为莲鞭？它是莲花在生长期内所形成的细长型的地下茎。称莲鞭为莲之本是非常正确的，因为在莲花的生长期里，荷叶也好，莲花也好，都会生长在这根横卧于淤泥的莲鞭上。莲鞭上有节，节处便长出一片叶子和一朵花。茎节上还长着不定根（图 04），用来吸收肥泥中的水分和养分，并且能固定莲鞭，使之不被水冲走。莲鞭的节上还会生出侧鞭，这样可以逐渐扩大自己的生长范围。莲鞭生长很迅速，但是它并不是无限延长的，在夏末初秋的时候，莲鞭顶端会停止生长，顶端的芽开始分化形成肥大的藕。

虽然藕与莲鞭一样，都是属于莲花的地下茎，但是它们之间还是有很大区别的。莲鞭上生长有荷叶与莲花，而藕上不长任何出水的器官。藕的长度也有限，一般在 3～5 节左右，有些藕上也会长

图 04 莲鞭上的不定根

侧藕。藕比莲鞭肥大得多，粗壮的藕是莲花越冬的营养器官，它贮藏养分，用以来年再次萌发。藕顶端的芽在藕成熟之后便会进入休眠期，直到度过漫长的冬天，春暖花开，塘泥回暖的时候它才会萌发形成新的莲鞭。于是，藕是莲花接续来年生命的"种子"，而它对于我们来说，是莲花最美味的部分之一。藕生于莲鞭的顶端。在初秋的时候，荷叶会长出最高的一片叶子，而在这片叶子附近会长出一片无法展开的小叶，大叶与这片小叶连接后向外指出的方向便是长藕的地方。人们下水起藕，便是寻找这片叶子，在两叶之间踩断莲鞭，用脚拨去覆在藕上的塘泥，向后拔出，一条雪白而又完整的藕便可以出水了。

3. 中华美食将吃藕发挥到极致

藕的吃法很多。嫩藕可以鲜食，儿时常见画着百样水果的年画，其中大多数水果是不曾吃过的，然而我总是好奇这年画里的果盘上为何会有几节雪白的鲜藕。在我的认知范围里，莲藕是过年少不了的下酒凉菜，而作为水果则是闻所未闻的事情。去过江南之后，才明白了那藕的味道。作为鲜食的藕一般只取嫩藕，便是莲鞭发藕之后只长出一节到两节的时候。嫩藕出水，洗干净之后是有着挡不住的清鲜，去皮后切片搁在盘子里，入口白嫩清甜，正如叶圣陶在他的《藕与莼菜》里形容的"雪藕"，清凉无渣，又可以解渴。鲜藕难得，而老藕算是家常菜。北方少有水菜，藕即算一例，过年的时候家家要买几节藕才算有下酒菜。虽为老藕，但质地也不能太老，太老的藕会吃起来粉而有渣。把藕削皮，切成薄片焯水去生味，然后放盐、五香粉、姜末，用烧热的麻油一淋就是一道年菜。

如今过年的蔬菜繁多，过年也并非要再吃这凉拌藕片，可是看到市场上的藕还是蠢蠢欲动。倒不是这凉拌藕真的有那么好吃，只是心中觉得不脆脆地嚼一趟这玉臂一般的藕，这年就和没过一样。

图 05 藕带

藕能吃，莲鞭嫩梢也能吃，而它的最好吃法莫过于酸辣藕带（图 05）。湖北人叫莲鞭的嫩梢为藕带，摘取的就是莲鞭长在最前面也最嫩的一节。藕带本来就嫩，口感自然无须多说，酸辣藕带的美味在于一个"酸"和一个"辣"。辣味为重，却可以衬托出藕带的嫩与嚼劲，而一个酸字，则是指用醋保留了藕带的鲜脆。如此一来，这细嫩的藕带入口，火辣的前奏让人兴奋，而微酸之后的清鲜，着实让人想起七月间满塘的绿意了。

（作者：方杰）

牡丹

被武则天捧红的"花王"

说起牡丹，总会想起那个家喻户晓的传说：牡丹不畏武则天的威逼而被贬到洛阳邙山，后人尊敬牡丹的正气，便开始栽植牡丹。虽然这只是一个传说，但牡丹这种观赏植物的确始见于唐代，而在唐代之前的记载中，牡丹这一名字甚至都不归自己所有。

1. "花中之王"也从山中来

"牡丹"二字最早见诸记载，大约是南朝谢灵运的《游名山记》中。不过谢灵运所说的"牡丹"并不是我们如今所熟知的牡丹花，而是一种生长在江浙地区名叫"百两金"的草药。直到隋朝的《种植法》中都不曾见过关于牡丹花的记载，那个时候的牡丹被称为"木芍药"，只是生长在山野里的薪材而已，它的名气完全只是芍药的附庸。

牡丹和芍药同属于芍药科芍药属。单从外观上看，牡丹和芍药之间没有太大的区别，牡丹以木本为主（图 01），多生山间石缝，而芍药（图 02）喜欢肥厚的土壤，多生在平坦的山谷与平原。生在平原的芍药比牡丹更早被人认识，在《诗经》里就被当作男女爱情的信物，然而生于山野的牡丹，因其根可以入药，枝干水分少，容易点燃而被山民当作柴烧，最多只能进药铺子，难登大雅之堂。

图 01 牡丹植株　　　　　　　　　　　　　　图 02 芍药植株

2. 武则天的怀乡之花

　　牡丹的不畏权贵，已经传为佳话，武则天在牡丹的故事里充当了一个玩弄权势的反面角色。然而，历史并非如此。牡丹之所以能走入人们视野，完全是因为武则天对它的喜爱。武则天祖籍河东并州，她虽然没有生于故乡，却一直怀有故乡之情。唐代舒元舆的《牡丹赋》序文提到，武则天的故乡有众香寺，寺内种植着一种美丽的白牡丹，武则天得知后便差人移植回长安宫中，牡丹也因此从一介山野"村姑"一跃成为宫中的"公主"。

　　武则天首度栽种牡丹，于是，这种名不见经传的花卉在长安流传开来。牡丹虽为乡野山花，但它美丽的花朵还是让人备感惊讶。毕竟在那个时代，可以开出如人面一般大小的花并不多见。加上牡丹花开时分，花香四溢，花蕊如金丝一般（图 03），如此秀外慧中的花儿自然会受到人们的赏识。经过三四十年的栽培，牡丹渐渐从皇宫，扩展到衙署、寺庙、私家庭院。到了唐开元年间，种植牡丹已经成为上流阶层的一大爱好，这时的诗词歌赋中也开始出现大量关于牡丹的赞美之词。刘禹锡的《赏牡丹》名句"唯有牡丹真国

图 03 牡丹花朵特写

色，花开时节动京城"便是描写了牡丹花开时节，长安上上下下集会赏牡丹的盛况。正因为牡丹备受人们的喜爱，它的脚步一刻没有停留地从长安到了曹州再到了东南的江浙，甚至在中唐时期渡海到了日本。牡丹依附于唐代的盛世之景，深得世人欢喜。

3. 唐之花，宋之盛

唐末年以及五代的战乱，使得牡丹走向衰败。北宋时期结束了民不聊生的战乱，安定的生活使得人们慢慢富足起来，牡丹也渐渐走进了人们的视线。随着宋代经济和技术的发展，城市的繁荣带来了各类园林的繁荣，宋人对前朝热衷的牡丹也热爱有加。宋人对牡丹的重视使得它的种植面积大大增加。欧阳修的《洛阳牡丹记》中有所谓"牡丹出丹州、延州，东出青州，南亦出越州，而出洛阳者，今为天下第一"。丹州，今天的陕西宜川地区；延州，陕西延安地区；青州，山东益都地区；而越州，乃浙江绍兴地区。这样看来，牡丹的种植已经几乎遍布中国大部分地区。宋人对牡丹的栽培爱好，使得记录牡丹的谱录相继出现，先后有十几种之多，其中记载的牡丹品种已由唐朝的"通白者、红、紫、浅红"诸色发展成中原、江南、西南三大种群上百个品种的庞大家族。在这些记录的品种中，姚黄、魏紫、状元红、葛巾紫等都流传至今。因此，依附唐代繁荣才兴起的牡丹，在宋代却凭借富足而发扬光大，此时的牡丹已不再是皇家尊贵的花朵，而成为雅俗共赏的美丽仙子。

牡丹的美丽不但征服了整个中华民族，它的美也让那些第一次看到它的外国人为之倾倒。西方世界接触到牡丹的秀丽还是很晚的事情，欧洲人最早是在中国的丝绸器物的装饰上看到它身影，他们无法相信东方世界会有如此艳丽的花朵存在，以为这些只是中国人一厢情愿的想象。然而，当欧洲人在中国的花园里看到这种硕大而美丽的花朵时，他们惊呆了，甚至愿意高价买回去栽培。牡丹在16世纪时由荷兰人从日本最先引种到欧洲，但由于欧洲冬天湿冷，并不适合牡丹的生长，牡丹的栽培在欧洲一度陷入停滞。直到18世纪深藏在中国内地的野生牡丹种类被引种到欧洲，欧洲的牡丹品种才多了起来。在当时风靡欧洲的中国式园林里，绝对少不了牡丹的身姿。

　　时至今日，牡丹已经在中国近千年的栽培中拥有了上千个品种。

在中国，河南洛阳、山东菏泽、四川彭州已经成为现代牡丹的三大栽培中心。牡丹的美丽不但在于它硕大的花朵、沁人的花香、丰富的花色，还在于它的美丽已经根植于中国文化之中（图04）。国人崇尚牡丹的美丽，根据它花朵硕大艳丽，却藏于蓬勃的绿叶中，而赋予它富贵吉祥、繁荣昌盛的寓意；国人爱牡丹，但凡中国的园林都会为这"花王"独辟一隅，谓之"牡丹园"。而与它同一家族的芍药姐姐，闻名虽早却光华尽被抢去，只能反过来附庸于牡丹的花丛之下充作园中点缀。

图04 元代赵昌的《牡丹图》

4. 难再寻觅的野生牡丹

牡丹的种类繁多，我们今天见到的牡丹（*Paeonia suffruticosa*）已经是经过上千年人工栽培的产物。虽然现在作为一个单独的种记载于植物志，但它只是现代园艺品种的一个统称。那现代牡丹究竟是从哪里来的呢？我们不妨再把目光投回到那些生在山野之上的野生牡丹。

中国野生的牡丹一共约十种，它们大多喜欢山林的安静，生长在向阳利水的石缝里。为了适应山间严酷的环境，牡丹的根系很发达，粗壮肉质的根可以存储石缝中不多的水分，同时膨大的根也更容易嵌在石缝里，牢牢地抓住石头。和娇弱的园艺牡丹相比，野生牡丹并不像人们所想的那样脆弱，它们甚至可以在悬崖峭壁上安家。由于野生牡丹的根可以制药，这些朴素的野生牡丹被山民疯狂采挖，所有的野生牡丹种都已经进入保护名录，而有些种已经到了濒临灭绝的地步。2007 年首次被人描述的中原牡丹（*Paeonia cathayana*），其野生种早已在野外绝迹。如果不是嵩山的山民因其美丽的花朵而将其移栽家中，我们大约无法看到它的真容了。

牡丹最早是武则天从汾州（今山西省汾阳市）的众香寺引种到皇宫的。由此可知，牡丹在唐之前已经由僧人们从山间引种到庭院。根据野生牡丹的分布，山西中南部是稷山牡丹（*Paeonia jishanensis*）的分布区域。稷山牡丹，又称矮牡丹，它植株矮小，喜欢生长在石质碎壤中。虽名为矮牡丹，但它的花朵却粉白硕大。僧人也许看到这牡丹花朵纯洁可爱便将其移植到寺庙之中。自牡丹引种入宫之后，唐朝人上下都喜爱牡丹，必然会重视牡丹的栽培。长安及洛阳是唐朝的经济文化中心，而这里也是众多牡丹种类分布的区域。关中的紫斑牡丹（*Paeonia rockii*）（图05），河南、湖北的卵叶牡丹（*Paeonia qiui*），以及出产于安徽山区的杨山牡丹（*Paeonia ostii*），都参与到栽培牡丹的血统之中。

牡丹的根皮在古代作药用。因为需求量大，药用牡丹的生长需要适应性强和分生能力强的种类。牡丹本生于山石间，并不能满足需求。自唐以来，野生牡丹资源为人所用而消耗殆尽，于是人们开始尝试药用牡丹的栽培。在野生牡丹中，有一种牡丹生长在湿润的江南周边，它便是杨山牡丹。与西北中原的牡丹野生种相比，它具有更强的耐湿能力。北方的牡丹很难在湿润的江南成活，而江南的牡丹依靠杨山牡丹的优秀特质，发展出了观赏兼药用的江南牡丹品系。其中，花朵洁白无瑕的凤丹（图06）便是其最著名的品种。

（作者：方杰）

图05 紫斑牡丹

图06 凤丹

— 莼菜 —

江南人的思乡之味

莼菜作为江南太湖八珍之一，大多在江浙一带人工栽培，但在西南、台湾等地也有。只是如今栖息地越来越少，野生莼菜现已被列为国家二级保护野生植物。莼菜作为一种可食用野菜，恐怕最能被人记住的点要数"西湖莼菜羹"这道招牌菜了。

1. 天生爱洁净的莼菜

莼菜（*Brasenia schreberi*），也叫露葵、马蹄草或者湖菜，喜欢生长在温暖而水质干净的浅水湖泊中。莼菜很容易生长，不过一般的河湖水塘养不了它，因为莼菜对水质的要求非常高。莼菜必须长在水质极其清洁的地方，因此才被叫做"莼"。莼菜的采收期非常长，每年的 4 月至 10 月均可以采收。很多人吃过莼菜，但极少有人注意过它开的花。它的花常于夏季开放（图 01），颜值不高但十分精巧，暗红色的小花由十余枚条形花瓣构成，就像非常小型的睡莲。

莼菜喜欢清澈见底的浅水（图 02），水要轻微流动，这样才可以保持水质的清新。但同时，莼菜又惧怕风浪，柔弱的茎叶很难在波涛中持久漂泊；它还怕水藻鱼虫，惧怕它们附着在茎叶上影响生长。莼菜会让水中茎叶上生长的纤毛分泌出透明的胶质（图 03），一则用来保护幼嫩的茎芽不受外界伤害，二则用来保持水中茎叶的清洁。

图 01 莼菜的花

图 02 水中的莼菜

图 03 嫩茎叶上的胶质

莼菜的干净正是人们喜爱的地方，尤其是它包裹着胶质的嫩茎芽，被人们视作不可多得的鲜滑之物。莼菜分布狭窄，亦是因为它有着独爱清洁的癖好，明代袁宏道在《湘湖》中这样描述它："惜乎此物，东不逾绍，西不过钱塘江，不能远去，以故世无知者。"

2. 备受世人推崇的美味

　　莼菜鲜美，自古便受人推崇。三国至西晋时的张翰将莼菜与鲈鱼并称，这不必多说；与张翰同时代的陆机（图04），在与侍中王济的对答中也对莼菜赞赏有加。太康年末，陆机到洛阳后，王济拿羊酪问陆机："卿吴中何以敌此？"陆机答曰："千里莼羹，未下盐豉。"张翰与陆机对莼菜的推崇，使得莼菜名声大噪。于是，其后的千百年间，吴中之莼羹成为人们趋之若鹜的目标。

　　莼菜真的有那么鲜美吗？尝过的人们大抵都是交口称赞，然而真正尝过莼菜的人，心里恐怕都明白这莼菜羹的鲜美源于何处。莼菜入食极易，虽不能生食，但只需微烫便可以做肴、制羹。莼菜要鲜嫩，

图04 松江小昆山二陆草堂里的陆机、陆云塑像

一是要保证其胶质丰富，二是幼嫩的莼菜既无口感也无味道，倘若是叶芽开展的老莼菜，会有一丝苦味在其间，人们谓之"猪莼"，只能当作猪吃的草了。上等的莼菜是"丝莼"。"丝莼"取五月间第一茬萌发的嫩芽，其胶质细腻，叶片微微舒展。此时的"丝莼"，既无口感，亦无味道，堪称莼中极品。做莼羹的配料极为丰富：味醇的鸡汤、香气四溢的火腿、鲜味十足的笋丝，再不然便是鲜嫩的鱼肉。莼羹的味道大抵源自这些配料，而碧绿鲜滑的莼菜只是作为入眼的主角，在入口之后，它便依靠滑溜溜的胶质，完全消失在齿舌之间。

3. 寄托江南人的家乡风物

江南人对莼菜的爱大约是人出生在一处，自幼喝乡井的水，吃乡土的饭，品这水土调成的羹。这种鲜美的味道，他乡人无论如何也是品不来的，于是他们只好慨叹，只有那些生于江南水乡的人，才真的懂这种无形无味的莼的香醇。

江南人似乎最容易思乡，这里的芰荷之美是别处难以替代的。说到思乡，自然会提到"莼鲈之思"。《晋书·张翰传》中记载，西晋大司马张翰在洛阳为官，"因见秋风起，乃思吴中菰菜、莼羹、鲈鱼脍，便道：'人生贵得适志，何能羁宦数千里以要名爵乎？'遂命驾而归"。张翰的故事恐怕是江南人思乡的典范，只因秋风习习，便怀念家乡美食，竟然辞官而去。真可谓洒脱之至。而这一壮举竟也成了佳话，"莼鲈之思"也成为文人墨客千年以来寄托思乡之情的典故。

虽然"莼鲈之思"只是张翰的借口，但这"莼鲈"的美味已然是众人皆知，并且他处亦无可寻，作为借口也是极其合理的事情。倘若张翰借由"藜藿之思"，恐怕齐王是绝不会放他走的。张翰的聪明也在于借物明志——莼菜、鲈鱼都是喜生净水之物，张翰借莼鲈来表明心迹，恐怕齐王也明白他的去意了。

（作者：方杰　莫海波）

桃

桃花依旧笑春风

春天的脚步刚刚来到，桃花便迅速绚烂起来，仿若凝聚了三千繁华。树下也是极其热闹，挤满了游人纷纷与之合影，可谓是"人面桃花相映红"。说到桃花，人们往往会想到《桃花源记》中描绘的那个风景如画、令人神往的桃园仙境，而我更向往"桃花仙人种桃树，又折花枝当酒钱"中的那份洒脱与闲适。

1. 桃李满天下，春风遍人间

据文献记载，狭义桃属（*Amygdalus*）在全世界有四十多种，分布于亚洲中部至地中海地区。我国有十二种，主要产于西部和西北部。桃在我国已有三千多年的栽培历史。中国最早记载桃树品种的古籍，是公元前十世纪《尔雅·释草篇》。该篇有云："旄（音矛），冬桃；榹（音四），山桃。"

公元前二世纪之后，中国人民培育的桃树沿丝绸之路从甘肃、新疆经由中亚向西传播到波斯，再从那里引种到世界各地。目前全世界近百个国家都种植桃树，产桃最多的国家是中国，其次还有美国、日本和意大利。桃属的栽培品种广泛分布于寒温带、暖温带至亚热带地区。据统计，起源于中国的桃树品种可达上千。

2. 桃花一簇开无主，可爱深红爱浅红

桃的品种丰富，较重要的变种有：油桃（图01）、蟠桃、寿星桃、碧桃（图02）。其中，油桃和蟠桃都作为果树栽培，寿星桃和碧桃则主要供观赏，且寿星桃还可作桃的矮化砧木。

目前根据果实和结果习性，我国桃的品种可划分为五个品种群，分别是北方桃品种群、南方桃品种群、黄肉桃品种群、蟠桃品种群和油桃品种群。

图01 油桃

图02 碧桃

按照张秀英教授的二元分类法，可将观赏桃花分2系5类16型。真桃花系中有直枝绿叶桃类（白碧型、粉碧型、绯碧型、洒金型）、直枝紫叶桃类（粉紫型、红紫型、集锦型）、寿星桃类（白寿型、粉寿型、红寿型、洒金型）以及垂枝桃类（白垂型、粉垂型、红垂型、复色垂型），山桃花系中有杂种山桃类（复瓣杂山桃型）。

近年来帚形桃（图03）和龙游形桃也渐渐多了起来，大大丰富了桃花品种。桃树开花繁茂，既有妖媚艳丽的大红色花，也有小清新的白色花、少女系的粉色花，其中总有一款适合你。

图03 帚形桃

3. 桃之夭夭，灼灼其华

桃花在我国传统花文化里有很多象征，可用来喻指爱情婚姻和多子多福。《诗经》中的"桃之夭夭，灼灼其华"，描写的就是女子出嫁时的美好情景。《周易》里讲，"四象交会"时桃花会盛开，此时求感情最好，因此把爱情来临称作"桃花运"。

而有关上古时代"夸父逐日"的神话便已将桃树神化，赋予其镇鬼避邪的作用，古人在辞旧迎新之际均悬挂桃符，意在祈福灭祸。此外，桃的食用和养生功能，使桃具有健康长寿的象征意义，其由此而被称为"仙桃""寿桃"。《西游记》里齐天大圣孙悟空偷吃王母娘娘祝寿蟠桃的场景是何其鲜活灵动！

4. 桃花春色暖先开，明媚谁人不看来

从古至今，桃花一直是幸福美好生活的象征，再加上其艳丽的花色更是深受人们的喜爱。目前，它被广泛应用于公园、庭院、道路等公共绿地中。经过整枝而植于道路两旁或园中一隅，或成丛片植于山谷溪畔，都会形成佳景。此外，亦可营造成花墙、花山甚至花海来丰富园林植物景观。

在用作水边配置时，"桃红柳绿"（图04）已成为园林春季景观中的经典搭配手法。桃树可制成各种盆景和盆栽，用于室内年宵花卉。此外，桃树作为折枝瓶插的历史由来已久，也是东方式插花的主

图 04 桃红柳绿

要材料。

　　桃树具有极高的营养价值和经济价值。桃子因其肉质鲜美、营养丰富，又被称为"天下第一果"。桃子不仅可生食，还可制作罐头、桃脯以及桃酱等。桃树的根、叶、花、种仁等均可入药；树干上分泌的胶质（图 05），俗称桃胶，为一种聚糖类物质，可食用，也供药用，另外还可用作黏接剂等。

图 05 桃胶

（作者：郭卫珍）

剪春罗

春风裁剪出的精致野花

剪春罗

宋·翁元广

谁把风刀剪薄罗，极知造化着功多。

飘零易逐春光老，公子尊前奈若何。

　　"春罗"是一种古代的丝织品，剪春罗的意思便是将轻薄的丝织品裁剪制作成衣裳。而这种生长在华东田野乡间的美丽野花，每个花瓣边缘都长着精致的流苏边，仿佛是被某个蕙质兰心的女子精心裁剪而来（图01）。将这种野花取名"剪春罗"，可真是太贴切了。

图01 剪春罗的开花植株

1. 春风裁剪出的精致野花

剪春罗（*Lychnis coronata*），为石竹科剪秋罗属植物，该属约有12种，分布于北温带。我国有8种，产于东北、华北和长江流域。本属植物的花朵较大，颜色鲜艳，其属名*Lychnis*在希腊语中的意思为"灯"，就是形容其花朵的明艳美丽。

剪春罗是这个家族中最常见的一种多年生草本，产于江苏、浙江、江西和四川，株高50～90 cm，茎单生直立。叶片卵状倒披针形，对生。二歧聚伞花序通常具数花，花直径4～5 cm，花萼筒状，纵脉明显。花瓣桔红色，瓣片具缺刻状细齿，花瓣片轮廓为倒卵形，仔细看可以发现其喉部处还有椭圆状的副花冠片（图02），其种加词*coronata*便有"具副冠"的含义。

图02 剪春罗花部特写

正如诗中所描绘的，那可与美人鱼所穿薄纱媲美的花瓣，五出深裂，边缘为不规则缺刻，其精形巧致如同经过刀剪加工制作的一般，也有人说它像极了铅笔刀刨下来的铅笔屑。橘红色的花瓣上仿佛涂满了一层蜡，美得好像一幅油画。硕大且惊艳的花陆续盛放可达一个月，不畏酷暑。

剪春罗花美色艳，适应性强，耐半阴，耐寒，喜湿润环境，宜生长于荫蔽处和疏松、排水良好的土壤中。园林中多将其成片植于疏林下或灌丛草地，或布置于花坛、花境。在疏林下或灌丛草地，剪春罗只需简单管理即可；在花坛、花境，剪春罗则极为突出抢眼（图03）。古人很早就认识到它的美丽可爱，常将其种植在花盆中赏玩。成书于清康熙年间的《广群芳谱》有记载："周回如剪成，茸茸可爱。结实如豆，内有细子。人家多种之盆盎中，每盆数株，竖小竹苇缚作圆架如筒，花附其上，开如火树，亦雅玩也。"

图 03 剪春罗花境应用

2. 到底叫"剪春罗"还是"剪夏罗"?

剪春罗的芳名有很多,大概也是因为深得众人的喜爱吧!"剪春罗"如此生动美丽的名字,让人仿佛能看到一位古代纤纤细女穿着薄纱在曼妙舞动。《本草纲目》及《中国植物志》中都称其为剪春罗。不过,按照花期来算,它的花并不是在春天开放,最早也要在5月底或6月初才开,花期贯穿整个夏季,故《浙江天目山药用植物志》也称其为剪夏罗。《花镜》称其为"碎剪罗",这个有趣的名字反映出其花瓣边缘有细碎的缺刻,拥有别样的美丽。另外,根据其花朵的外形和颜色,《本草纲目》和《证治要诀》也称其为剪红罗,《植物名实图考》称其为剪金花、雄黄花;此外,《中国高等植物图鉴》称其为山田茶,四川人民也叫它一支蒿、婆婆针线包。

3. 剪春罗和她的姐妹花

有趣的是，在同属植物中，还有一种与剪春罗近似的植物，名为剪秋罗（*Lychnis fulgens*）（图04），亦名大花剪秋罗、汉宫秋、剪秋纱，主要分布于我国黑龙江、吉林、辽宁、河北等北方省份，日本、朝鲜和俄罗斯远东地区也有。它的花瓣是饱和度更高一点的橘红色，花瓣2叉状深裂，花期主要在8至9月。

图04 剪秋罗

在石竹科中，拥有这种碎裂花瓣的，可不止剪秋罗这一个家族。在华东地区海拔高一些的山野中还有一种名为"瞿麦"（图05）的石竹属植物，开出的花是艳丽的粉紫色，花瓣边缘深裂至中部以上，形成丝状的裂片，就像披着长发的美女，独特而美丽。

瞿麦主要在夏秋开花，深受日本人喜爱，故他们在《万叶集》中将它列为"秋之七草"之一，取名"抚子"。"抚子"这

图05 瞿麦

个词在日本代表着温雅而有教养的女性，而瞿麦这种看似柔弱的小草在开花时极具美感，那流苏般飘逸的花瓣，任谁看了都会生起一股怜爱之意。

（作者：郭卫珍）

— 杜若 —

从《楚辞》里走来的清新芳草，然而古今有别

在中文的草木世界里，有一些植物的古代名字听上去就很有意境，比如辛夷、将离、舜华、蒹葭分别指代玉兰、芍药、木槿和芦苇。还有些植物的名字，从古流传至今，但指代的对象却发生了变化，比如杜若，这么美的植物名，用来给宝宝取名字也是极好的。

1. 长在深山人未识

全世界杜若属约有 17 种，主要分布于亚洲、非洲和大洋洲的热带、亚热带地区。我国有 7 种，多见于长江流域以南，生长于山谷间、密林下。

杜若从古至今都被人们当做一种药材来使用，可治蛇、虫咬伤及腰痛。到现在，人们才慢慢认识到它的园林观赏价值。它是一种优良的观叶植物，叶片鲜绿宽大（图 01），为萌生植物，喜潮湿环境，作为林下及临水植物开发利用的潜力很大。

2. 古诗中的杜若，究竟是什么？

古代关于杜若的记载较早，究竟最初指代什么植物说法各异，基本上以杜衡（图 02）、竹叶莲（现今的杜若）和姜科植物这三种为主。

图 01 杜若植株

图 02 杜衡

　　秦汉时期的《神农本草经》中提到杜若："味辛，微温。主胸胁下逆气。……一名杜蘅。"南朝的陶弘景则对其产生了质疑，认为："《楚辞》云山中人兮芳杜若。此者一名杜衡，今复别有杜衡，不相似。"可见杜若和杜衡是同名异物。

　　1976 年，中国科学院北京植物研究所在其主编的《中国高等植物图鉴（第五册）》中把鸭跖草科植物竹叶莲的中文学名定为"杜若"，1979 年版《辞海》中的"杜若"多指竹叶莲。及至今日，杜若已被人们普遍接受。

　　宋代的《本草图经》记载，杜若"叶似姜，花赤色，根似高良姜而小辛，子如豆蔻，二月八日采根暴干用"。其中有一幅最早的杜若墨线图，图中所绘的花序呈顶生并且成对，与姜科山姜属植物的花序是相符的。而竹叶莲呈蝎尾形，成轮状地集成为聚伞花序，且它的花为

图03 杜若花序特写

白色（图03），与文中所描述的红色更是有所差异。由此可知，该《图经》中杜若指代的不是竹叶莲。

五代后蜀人韩保昇云："苗似山姜，花黄子赤，大如棘子，中似豆蔻，细审其说，乃滇中豆蔻耳。"梁代陶弘景云："今处处有，叶似姜而有文理，根似高良姜而细，味辛香又绝似旋覆根，殆欲相乱，叶小异尔。"

明代李时珍在《草部·第十四卷》中提到杜若，认为其是草木上品，"山人亦呼为良姜，根似姜，味亦辛……或又以大者为高良姜，细者为杜若"。

可知，杜若的叶子与姜相同而较小，根与高良姜相同而较细。根据以上记载推测，杜若为当今姜科山姜属的植物，与姜科的山姜（*Alpinia japonica*）（图04）较为接近。山姜相对来说整个植株比高良姜小，子又类似豆蔻，称为土砂仁，至今江西民间还有称此种为

图04 山姜

"高良姜"的。此外，山姜产自我国东南部、南部至西南部各省区，较红豆蔻和高良姜更符合古代诗人的足迹。

3. 山中人兮芳杜若

在文学上，杜若往往是作为"香草"的代名词而不是具体的植物形态。究其根源，是受到了《楚辞》的影响。杜若最早出现在屈原《楚辞·九歌》中，一共三处：《湘君》中"采芳洲兮杜若，将以遗兮下女"，《湘夫人》中"搴汀州兮杜若，将以遗兮远者"，《山鬼》中"山中人兮芳杜若，饮石泉兮荫松柏，君思我兮然疑作"。

芳洲杜若，九歌叠咏，郭璞有赞，谢朓有赋，江淹有颂，沈约有诗，杜若被古代诗人看作是一种纯洁、美好的植物意象，还被赋予了高洁纯净的特征，杜若洲则作为美好理想场所的一种代表而被歌咏。

送人远行时，赠送杜若以表达祝福；求爱表白时，赠送杜若以表达自己的思慕之心；在修禊之礼中，佩戴杜若幽兰是很重要的步骤，属于"正衣冠"，杜若在其中扮演的是"驱除邪秽"的角色。

图 05 杜若果实特写

杜若叶片柔美，小花清新，果实可爱（图 05）。真希望以后能在园林中更多地看到它们美丽的身影。杜若美丽的名字，说不定可以引发大家回到质朴而诗意的古代，激发出更多的诗性吟咏。

（作者：郭卫珍）

山茶

山茶红似火，先解报春风

海 榴

唐·温庭筠

海榴开似火，先解报春风。

叶乱裁笺绿，花宜插鬓红。

蜡珠攒作蒂，缃彩剪成丛。

郑驿多归思，相期一笑同。

山茶是世界名花之一，也是中国传统十大名花之一，历来为大家所喜爱。世界名著《茶花女》中，山茶花暗示着女主人公的冰清玉洁和美丽；香奈儿女士钟情优雅精致、富于古典美的山茶花，让其绽放在自己的各种配饰及服装上；金庸小说《天龙八部》中的王夫人因酷爱山茶花而将自己居住的山庄种满了山茶并起名叫"曼陀山庄"。

1. 山茶属植物

山茶是山茶科（Theaceae）山茶属（*Camellia*）植物，属名由林奈命名，用于纪念在菲律宾工作的曾描述过一个山茶种的耶稣会植物学家乔治·约瑟夫·卡梅尔（Georg Joseph Kamel）。山茶属约20组，共280种，分布于东亚北回归线两侧。其中，我国有238种，以云南、广西、广东、四川、贵州、浙江以及江西等地最多；日本、朝鲜半岛也有分布。

山茶为常绿灌木或乔木（图01），叶片革质，通常有光泽，单叶，椭圆形，具有羽状脉，边缘锯齿状。花两性，顶生或腋生，单花或2～3朵并生，野生茶花品种一般有5～9个花瓣，花色从白色、粉色到红色，仅在中国南部和越南发现纯黄色的花，冬春开花，花期10月—翌年4月。整个山茶属的花最大的特征是具有一束密集的、带明显黄色的雄蕊（图02），通常与花瓣颜色形成对比。蒴果圆球形，2～3室。

图01 '金心大红'山茶

图02 山茶花的特写

2. 国内外栽培历史

山茶在欧洲出现之前，已在中国的园林中栽培了数个世纪。在1800年之前的三国蜀汉时代，张翊《花经》中以"九品九命"的等级品评当时许多栽培观赏苗木，山茶花被列入"七品三命"之中。南宋著名诗人范成大在《桂海虞衡志》中记述了南方的山茶，称其为"南山茶"，把东部沿海地区及流传至中原一带的"海石榴"（简称"海榴"）称为"中州花"。

在中国古代文士的眼中，山茶花是坚贞不媚与节操正气的象征。现代中国各地已广泛栽培，重庆、温州、金华和昆明等市均将山茶花定为市花。上海黄德邻老先生有一个著名的论断："中国茶花起源于青藏高原，后分南北两支，南支发展为云南山茶，北支发展为四川山茶，嗣后四川山茶沿长江流域向东发展，又形成了华东山茶。这样就形成了四川山茶、云南山茶和华东山茶三大体系，与 20 世纪 60 年代在广西首先发现的金花茶和已有约 2000 年历史的茶梅一起，构成了中国五大山茶体系。"

图 03 杜鹃红山茶

此外加上 1985 年发现于广东阳春的杜鹃红山茶（*C. azalea*）（图 03）以及近 20 年来逐渐成形的束花茶花（cluster-flowering camellias），目前已形成具有特色的中国七大山茶体系。

早在 7 世纪初，日本就从我国引种山茶品种，和当地原生品种一起广为种植，又写作"椿"，并作为驱除邪恶、降临幸福的吉祥供品使用。17 世纪时，英国首次引种中国的山茶。在18 和 19 世纪，山茶又从欧洲传入美国和大洋洲，并风靡一时。

至今，美国、英国、日本和澳大利亚等国在山茶的育种方面发展很快，主要有以下三个方面的育种目标：（1）更多的花色、花型、花期变化；（2）抗寒、抗旱、抗病等抗逆性比较强的品种；（3）追求香味、树形等其他性状特殊变化的品种。目前已形成 3 万多个品种和杂交种，大部分都是重瓣或半重瓣品种。其中，山茶（*C. japonica*）在栽培品种中最具优势，有 2000 多个杂交品种，之后是滇山茶（*C. reticulata*），拥有 400 多个杂交品种，茶梅（*C. sasanqua*）（图 04）则有超过 300 多个杂交品种。其他著名的杂交组合包括：冬茶梅杂交组合系列 *C.* × *hiemalis*（*C. japonica* × *C. sasanqua*）和威廉姆斯杂交组合系列 *C.* × *williamsii*（*C. japonica* × *C. saluenensis*）。

3. 园林应用和其他用途

山茶喜温暖、湿润和半阴的环境，怕高温，忌烈日，露地栽培选

图 04 茶梅

择土层深厚疏松、排水性好、酸碱度为 5 ～ 6 的土壤条件最为适宜。山茶树冠多姿，枝叶繁茂，花大艳丽，四季长青，具有很高的观赏价值。在园林景观中一般以孤植、丛植或群植的形式配置于疏林边缘、庭院一角或亭台附近。常与杜鹃、日本晚樱等落叶树种配置，是冬春最主要的观花和蜜源植物。北方宜盆栽室内观赏，更显春意盎然。

此外，本属植物还具有很高的利用价值。油茶是重要的油料植物，它们的种子几乎都含有丰富的不饱和脂肪油，俗称茶籽油，用在烹饪、护发和化妆品中。茶（ *C. sinensis* ）（图 05）的叶片和叶芽用来加工制作备受欢迎的茶叶饮料，是茶最主要的商业用途。山茶花的药用价值也很高，有收敛、止血、凉血、调胃、理气、散瘀、消肿等疗效；去掉雌、雄蕊的山茶花瓣无毒，且花瓣

图 05 茶的鲜叶

中不仅含有丰富的多种维生素、蛋白质、脂肪、淀粉和各种微量的矿物质等营养物质，还含有高效的生物活性物质，可烹调成美味佳肴。

（作者：郭卫珍）

— 凌霄 —

藤花之可敬者，莫若凌霄

作为夏日少有的能开得灿烂热烈的藤蔓植物，凌霄花似乎专为夏季而生。它不光"体格"强健，枝叶繁茂，喜强光，不畏酷热，而且随便种植在墙角或给个支架，就能爬满屋顶，开出火红的花朵，并为人们抵挡酷暑或遮荫避雨（图 01）。凌霄是一种历史悠久的植物，最早的记载可以追溯至三千年前。如今它在园林栽培中应用普遍，人们对它已不陌生。

图 01 棚架上盛开的凌霄花

1. 凌霄花竟然有三种不同的样貌

凌霄是紫葳科凌霄属攀缘藤本植物，其花色艳丽，以橘红、橙黄两色为主，花期可从每年春末持续到深秋。凌霄的花呈漏斗状，多为橙红色。茎木质化，表皮脱落后，便以气生根攀附于山石、墙壁或树干之上，借之攀缘向上生长（图02）。凌霄干枝虬曲多姿，翠叶团团如盖，橙红色的花团缀于枝头，只需一丝轻风，它便展现出轻盈的舞姿，格外令人喜爱。

图 02 凌霄气生根

但是在赏花之前，请等一等。你知道凌霄花有中国凌霄、美洲凌霄和杂种凌霄之分吗?

先来看看原产我国和日本的正宗的凌霄（*Campsis grandiflora*）（图03），最明显的特点就是它的萼片了。淡绿色的萼片质地较薄，介于纸质和革质之间，萼的裂片裂得深，占整个萼片的一半以上。叶片一般是 7 ～ 9 枚，较为光滑，一般无毛；整朵花是那种比较粗壮的喇叭，管子较粗，开口也宽大些。

再来看看原产于美国的美洲凌霄。该花也叫厚萼凌霄

图 03 凌霄花

图 04 厚萼凌霄

（*Campsis radicans*）（图 04），因为花如其名：又厚又肉的萼片显得肉嘟嘟的，萼的裂片很短，还不及整个萼的 1/3，整个萼筒是光滑状没有棱的，花冠是那种小喇叭状，显得纤细且长；还有一个重要特点就在叶片上，厚萼凌霄的小叶片一般是 9 ～ 11 枚，以 9 枚更为常见，叶片的背面常有细软的柔毛。

但是实际上，近年来在园林中引进的，多是上述二者的杂交种及其园艺品种（图 05）。杂交种的特征就在于：小叶一般 9 ～ 11 枚，叶背面毛少或无；萼筒肉质，但颜色没有美国凌霄那么红，萼片的裂

图 05 凌霄的园艺杂交品种

片还未到整个萼片的中部，并且在萼筒上还有几条棱；整朵花像一个小喇叭状。对比一下图片，就可以看到其形态介于中国凌霄与美洲凌霄之间。

2. 有人喜欢有人厌

早在春秋时期的《诗经》里就有关于凌霄的记载，当时凌霄被称作"陵苕"或"苕"。《诗经·小雅·苕之华》："苕之华，芸其黄矣。心之忧矣，维其伤矣。苕之华，其叶青青。"《毛传》解释说："苕，陵苕也。"而凌霄花之名则始见于《唐本草》。《本草纲目》对此有很好的解释："俗谓赤艳曰紫葳，此花赤艳，故名。附木而上，高数丈，故曰凌霄。"凌者，高出也；霄者，云天也。

凌霄虽然有着如此豪情壮志的名字，但世人却众说纷纭，对其褒贬不一。凌霄枝条柔韧，善于附木生长，故而有人讥讽它善于攀附。唐代诗人白居易在《咏凌霄花》中曰："有木名凌霄，擢秀非孤标。偶依一株树，遂抽百尺条。托根附树身，开花寄树梢。自谓得其势，无因有动摇。一旦树摧倒，独立暂飘飘。疾风从东起，吹折不终朝。朝为拂云花，暮为委地樵。寄言立身者，勿学柔弱苗。"诗人便是借凌霄的姿态，讽刺趋炎附势之人。诸如诗人梅尧臣等，也不曾看好攀缘依附成性的凌霄，认为它不足以与百花并列（图 06）。

而凌霄最为人们熟知，则是现代女诗人舒婷在《致橡树》中所写的："如果我爱你，/ 绝不学攀缘的凌霄花，/ 借你的高枝炫耀自己。"该诗句一时间令木棉花风靡大江南北，却让凌霄成了攀附高枝的代名词。

然而，这并不妨碍凌霄的生长。它纵无挺拔身躯，却有执着的精神。在这红稀香少、烈日炙烤的盛夏，凌霄仍可攀至百丈崖头，其高远之志受到了一些诗人的喜爱和赞美。

宋代诗人杨绘《凌霄花》诗曰："直饶枝干凌霄去，独有根源与

吟徵調商灶下桐
松间疑有入松风
仰窥低审含情客
以听无纮一弄中
臣京谨题

聽琴圖

图 06 宋徽宗赵佶《听琴图》中有凌霄攀附于树上

地平。不道花依他树发，强攀红日斗鲜明。"赞扬了凌霄花敢与红日比明艳的坚韧和执拗。宋代诗人贾昌朝也赋诗盛赞凌霄的志存高远："披云似有凌霄志，向日宁无捧日心。珍重青松好依托，直从平地起千寻。"

清人李渔在《闲情偶寄》中赞美凌霄花："藤花之可敬者，莫若凌霄。望之如天际真人。卒急不能招致，是可敬亦可恨也。"此处之恨是说仓促种植之人，并非真心爱花。"欲得此花，必先蓄奇石古木以待，不则无所依附而不生，生亦不大……欲有此花，非入深山不可。"他对凌霄的生长习性了如指掌，爱花如此，李渔可谓凌霄的知音了。

但凌霄终究是植物，它不会因人们的厌恶而懈怠萎靡。断壁残垣或枯树老干，也因为它们而充满了活力和生机。酷暑的夏日，也因为它们而平添了几分清凉。

（作者：王晓申）

荇菜

诗经中的第一草

> 关关雎鸠，在河之洲。
>
> 窈窕淑女，君子好逑。
>
> 参差荇菜，左右流之。
>
> 窈窕淑女，寤寐求之。

在《诗经》的首篇作品中，它曾被窈窕淑女涉水采摘。而随着《关雎》的传唱，它成了寓意爱情之草。如今，人们多见之而不识其名，或闻名而不知其貌。但作为水生观赏植物的它，依然以那点点鹅黄的花（图01），临风摇曳；以那条条青碧的茎，参差逐波，绵亘着千年的风情。

图01 荇菜

1. 黄花绿叶，碧水窈窕

荇菜（*Nymphoides peltata*），又名莕菜、金莲子、水镜草，是睡菜科（原为龙胆科）荇菜属多年生水生草本植物。李时珍称，莕菜因"叶颇似莕"而得名。清代园艺学家陈溟子在《花镜》中称其为"凫葵"和"金莲花"。

荇菜的叶片呈卵圆形（图02），上表面亮绿，下表面带紫，基部心形，浮于水面。这与睡莲的叶片极为相似，故民间多称其为"水荷叶"。荇菜具圆柱形的根茎，沉于水中，多有分枝。长枝横走匍匐于水底，短枝从长枝的节处分出。其花序伞形簇生于叶腋，花冠黄色，呈辐射状，具5深裂，裂片边缘呈须状。蒴果椭圆形（图03），不开裂。种子圆形，扁平状且边缘有刚毛。

荇菜原产于中国，它通常群生于池沼、湖泊、沟渠、河流等平稳

图02 荇菜叶片

图03 荇菜的果实

图 04 成片的荇菜景观

水域，我国大部分地区均有分布。因适应性强和繁殖力旺盛，在全球的热带和温带地区都有它的踪迹。荇菜常于初春返青，花期可达半年之久。其叶片小巧别致、形似睡莲，花多且色泽鲜黄，既可用种子繁殖，又能分化不定芽繁殖。

身为野蔬的荇菜，是最早进入文学作品而传世的"第一草"。它的根、茎、嫩叶均可食，口感滑嫩柔软。早在先秦时期，就被先民作为野蔬食用。随着时间的流逝，它慢慢地淡出了国人的食谱，隐匿于山川江河，鲜有人去采撷。直到成为园林绿化中点缀水景、美化水面的水生植物（图 04），才现身于繁华都市，重新进入人们的视野。

2. 古人是如何食用这种美味佳蔬的呢?

三国时期吴国学者陆玑考释了《诗经》中的草木鸟兽，并撰写了我国最早的关于动植物的专著《毛诗草木鸟兽虫鱼疏》。他在书中记载了荇菜的性状及食法："荇，一名接余。白茎，叶紫赤色，正圆。径寸余，浮在水上，根在水底，茎与水深浅等。大如钗股，上青下白。鬻其白茎，以苦酒浸之，脆美，可案酒。"以酸味的酢来浸泡荇菜的嫩茎，脆嫩鲜美，是极好的下酒菜。唐代药学家苏敬在《唐本草》中亦有食用荇菜的记载："荇菜生水中，叶如青而茎涩，根甚长，江南人多食之。"

荇菜多生于清水缭绕的水乡，尤其在交通不发达的古代，算得上是少见的特种蔬菜。晚唐诗人唐彦谦在炎炎夏日去水乡访友时，受到朋友的殷勤款待。他在《夏日访友》一诗中写道："春盘擘紫虾，冰鲤斫银鲙。荷梗白玉香，荇菜青丝脆。腊酒击泥封，罗列总新味。移席临湖滨，对此有佳趣。"主人盛情待客，席间佐酒佳肴，有河虾、生鱼片、藕带等美食，更有一道罕见的凉拌荇菜丝，令他印象深刻。

明代文学家陈继儒，祖籍松江府华亭（今上海松江），他撰写的《岩栖幽事》中写有家乡食用荇菜之法："吾乡荇菜，烂煮之，其味如蜜，名曰荇酥，郡志不载，遂为渔人野夫所食。俟秋明水清时，载菊泛泖，脍鲈捋橙，并试前法，同与莼丝荐酒。"将荇菜烂煮，称之为荇酥，风味如蜜甘甜，想来馥郁非常。

由于荇菜茎叶清香滑嫩，又富含蛋白质、维生素和有机酸等营养物质，食法与诸多野菜相似。多以茎叶清炒，或辅以佐料凉拌，观之青翠悦目，食之爽口怡人。如今一些水乡仍有采食荇菜的习惯，或入米粥煮食，或腌制成咸菜，或配鸡蛋清炒。然而最好吃的做法，应是夏季的荇菜花绿豆粥，粳米软糯，绿豆酥烂，花香味甜，清热解暑又止渴，别具水乡的韵味。

并非因《诗经》的曲调过于古老，而使我们疏远了与草木的情缘。尽管山长水远，荇菜仍然从遥远的西周流传至今。它无惧人情的寡淡，涤尽岁月的尘埃，于荣枯代谢之中弥见其新。某一日，我与它在喧嚣的景区偶遇，碧叶连连，黄花点点，这窈窕的黄花青荇自带一种静谧悠远。在它面前，仿佛连时间都已静止下来。

（作者：江南蝶衣）

红豆树

寄托相思的红豆树是哪种红豆?

相 思

唐·王维

红豆生南国，春来发几枝。

愿君多采撷，此物最相思。

盛唐年间著名诗人、水墨山水画派创始人王维的这首《相思》，相信大家都已经耳熟能详了吧。世人皆知男女互赠红豆能表爱慕之意，但这诗中的"红豆"究竟是一种什么样的"豆"呢？

1. "红豆"知多少？

在植物家族中，以"红豆"二字冠名的植物有很多种类。像我们最熟悉的食物——豆沙包或红豆粥里用的豆子就是一种红豆；在植物学上归于豆科豇豆属的赤豆（*Vigna angularis*）（图01）和赤小豆（*V. umbellata*），它们可以说是我们日常生活中最常见的红豆。除此之外，还有大名鼎鼎的南方红豆杉（*Taxus wallichiana* var *mairei*）

图01 赤豆

图 02 南方红豆杉种子

（图 02），它是一种裸子植物，种子外面包裹着一圈红色的肉质假种皮，远看就像红豆挂在树上，鲜红夺目，吸引鸟儿前来取食。

另外，豆科还有三个与观赏性的红豆相关的类群，分别是海红豆属（*Adenanthera*）、红豆属（*Ormosia*）和相思子属（*Abrus*）。前两个属的植物均是高大的常绿乔木，而相思子属均为草质的藤本植物，它们的共同特征便是结出的种子色泽光亮，鲜红夺目，干燥后既可作为装饰品收藏，也可用来加工成项链、手链等工艺品。

海红豆属常见种类便是海红豆（*Adenanthera microsperma*）（图03），主要产于我国华南、西南以及东南亚的热带地区。红豆属常见种类有红豆树（*Ormosia hosiei*）和花榈木（*O. henryi*），主要分布在我国华东、华中至西南的亚热带地区。相思子（*Abrus precatorius*）（图 04）在我国华南、西南野外有分布，但它的种子通常半红半黑，俗称"鸡母珠"，且有剧毒，服用后有致死风险，因而在野外见到时，千万不要随意

图 03 海红豆种子

取食。

此外，刺桐属（*Erythrina*）的多数种类的种子也具有鲜红色的种皮，和红豆相似。只不过相对不常见，通常也不用"红豆"来称呼。

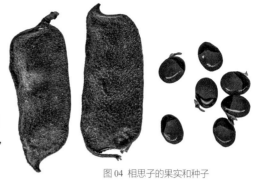

图 04 相思子的果实和种子

2. 红豆相思之意的来源

红豆是如何与相思之意发生联系的呢？这就要从王维写这首诗的情境中寻找答案了。这首名为"相思"的五言律诗又题作"江上赠李龟年"，是唐朝天宝之乱后，王维在江南见到流落至此的友人李龟年时写下的赠别诗。李龟年是当时非常有名的乐曲艺人，以演唱诗词曲赋为生，这首《相思》的诗句后来经过乐坊谱曲，也成为广为流传的歌词。

这首诗开篇便点明了红豆产于南方，同时也是两人相逢的地方，根据他们生活的年代和行动轨迹，可以推断出是在如今的江南一带，很有可能便是南京至杭州一带。红豆的种子鲜红浑圆，晶莹如珊瑚，在江南一带常用作镶嵌饰物。传说古代有一位女子的丈夫死在边地，她哭于树下而死，化为红豆，于是人们又称呼它为"相思子"，因此唐诗中常用它来寄托相思之情。而在古代，"相思"不限于男女情爱范围，朋友之间也有相思，这首《相思》便是以红豆来寄托诗人对朋友的眷念。

3. 生在江南的红豆树

根据诗句写作的地方，结合各种"红豆"分布的地理范围，我们有比较充分的理由推测，诗里的"红豆"便是在我国长江流域以南地区广泛分布的红豆属植物。至于种类，很有可能就是在华东地

图 05 红豆树种子

区十分常见的红豆树（图 05）或花榈木中的一种。这两者形态特征比较相似，但均可以结出红色光亮的种子。

　　除了能够用于传达男女的爱慕之意，红豆树还有诸多用途。据《中国植物志》的记载，红豆树"木材坚硬细致，纹理美丽，有光泽，边材不耐腐，易受虫蛀，心材耐腐朽，为优良的木雕工艺及高级家具等用材"；其根与种子还能入药；还是重要的庭园物种（图 06），上海辰山植物园园内就种植了不少。作为红豆树的近亲，花榈木的用途也是多种多样，同样据《中国植物志》记载，其"木材致密质重，纹理美丽，可作轴承及细木家具用材"，其根、枝、叶入药，据称有"祛风散结，解毒去瘀"之效，此外还有绿化、防火之用。

　　无论是红豆树还是花榈木，都被列入国家 II 级重点保护野生植物的名录，其中红豆树还被列入了 IUCN 名录。红豆树和花榈木都是我国特有植物，由于它们"木材致密质重"，经济价值颇高，因而盗伐现象极为严重；且两者的分布区均为人口分布较密的地区，因而两者受人为干扰颇为严重。加上结实率低、种子休眠期长且极易遭受虫蛀，如今在它们的分布地已难觅其踪，因而它们亟待更高强度的保护。

（作者：蒋凯文、莫海波）

图 06 红豆树植株

琼花

此花只应天上有，人间难得几回看

琼花在我国栽培历史悠久，作为江南名城——扬州的市花，历来便和扬州古城的历史文化有着紧密联系。人间最美四月天，琼花应运而开，成为不少人奔赴扬州春游的首要目标。

琼 花

宋·王洋

爱奇造物剪琼瑰，为镇灵祠特地栽。

事纪扬州千古胜，名居天下万花魁。

何人斫却依然在，甚处移来不肯开。

谩说八仙模样似，八仙安得有香来。

1. 名居天下万花魁

琼花与一般花卉不同，那洁白的伞形花序由两种不同大小的花组成，花序周围被一圈蝶形的白色花朵围绕（图01），犹如玉蝶起舞，美丽非凡。那淡雅的姿态和独特的风韵博得历代文人墨客的盛赞。韩琦为琼花作诗："维

图 01 琼花

扬一株花，四海无同类。"刘敞诗云："东方万木竞纷华，天下无双独此花。"欧阳修也作诗赞曰："琼花芍药世无伦，偶不题诗便怨人。曾向无双亭下醉，自知不负广陵春。"而开篇引用的这首诗里，"事纪扬州千古胜，名居天下万花魁"，更是将琼花提到了"花魁"的至尊地位。

民间也广泛流传着许多与琼花有关的传说。相传琼花是扬州独有、他乡无双的名贵花木，连隋炀帝也不远千里，大征民工修凿运河，一心要到扬州观赏琼花。但当运河开成，隋炀帝坐龙船抵达扬州之前，琼花却被一阵冰雹摧毁了。接着各地爆发了农民起义，隋政权崩溃，隋炀帝死于扬州，因而有"花死隋官灭，看花真无谓"的说法。甚至还有说法认为名噪一时的琼花，在北宋被金人攻陷后随着扬州城一起被毁了。这些悲情的传说也让琼花平添了几分"国破花不存"的悲凉色彩。

图 02 琼花植株

2. 琼花与木绣球的混乱关系

根据最新的植物分类学进展，琼花（*Viburnum macrocephalum* 'Keteleeri'，或写作 *Viburnum macrocephalum* f. *keteleeri*）隶属于荚蒾科（曾为忍冬科）荚蒾属植物，是一种冬季落叶的灌木，高 3 至 5 米（图 02），叶片对生。常于 4 月开花，大型聚伞花序生于枝顶，中央的小花为两性花，周围有一圈大的为不孕花，花冠均为白色，因为不孕花

图 03 木绣球

的数量多为 8 朵，故又别名"聚八仙"。琼花在我国江苏、浙江、安徽等省野生分布，目前主要在江浙沪一带栽培观赏。

除了琼花外，江浙一带还经常栽培琼花的近缘种——绣球荚蒾（*Viburnum macrocephalum*），也称木绣球（图 03）。两者十分相似，唯一的不同是，后者的花序上可孕花已经消失，全部为不孕花。这是由偶然的自然变异所产生的，这也导致绣球荚蒾无法产生种子，只能通过扦插等方式来无性扩繁，成为附属于人类的栽培品种。

从理论上讲，绣球荚蒾才是一个栽培品种，可为什么从学名上来看是反过来的呢？明明是先有琼花，后有绣球荚蒾才对啊，但命名法怎么反其道行之呢？

原来，这和人类认识这两种植物的先后顺序有关。绣球荚蒾先于琼花被西方的植物学家发现并定名，发表新物种时依据的是上海凤凰山采集的花序上全为不育花的标本，所以在这之后才被发现的琼花只能以变型的方式给它一个学名。而今，这种只有微小变化而设立的变

图 04 蝴蝶戏珠花

图 05 粉团荚蒾

种或变型，大多被处理为品种名，所以琼花本应该是一个独立的种，却被沦为品种的尴尬境地。

无独有偶，跟琼花同属的蝴蝶戏珠花（*V. plicatum* 'Tomentosum'）（图 04），也因为比它的栽培品种粉团荚蒾（*V. plicatum*）（图 05）发现并定名得晚，所以被定为后者的变种。真是一对难兄难弟啊。

四月正是琼花盛放时节。满树繁花，恍如大雪压树，又似白蝶纷飞，纯洁的花朵宛如天然净化器，清新的花香，让人身心得到舒缓。真是"此花只应天上有，人间难得几回看"。琼花的高洁与美丽，为世人所公认。愿我们每个人都能像琼花一样，活出独一无二的精彩人生。

（作者：莫海波）

紫薇花

怕痒是真的吗?

　　火热盛夏,华东地区的城市绿化中常常可见红英灼灼、婀娜多姿的紫薇花(图 01)。它们开得绚烂夺目,繁茂异常。作为暑热时节的重要观赏花木,它拥有"盛夏绿遮眼,紫薇红满堂"的美誉。

图 01 绿化带中盛开的紫薇

1. 长放百日的紫薇花

凝露堂前紫薇花两株

宋·杨万里

晴霞艳艳覆檐牙，绛雪霏霏点砌沙。

莫管身非香案吏，也移床对紫薇花。

　　紫薇（*Lagerstroemia indica*）是千屈菜科紫薇属落叶灌木，它的别名很多，诸如百日红、满堂红、痒痒树等。其别称多与生长习性十分贴切，如"百日红"是指花期很长，从7月至9月长达百日之久。"满堂红"则是指其种植于庭园中，新花续故枝，花开连绵不绝，足可以满堂生辉。而"痒痒树"的叫法则是对紫薇最广泛的别称。

　　每当盛夏来临，一团团的紫薇花盛开在枝头，常常能将枝条压弯垂下来，成为点亮盛夏的最靓丽色彩。紫薇花的花瓣轻薄而多褶（图02），稍逢清风，便舞动不止，清人刘灏所编《广群芳谱》中称："紫薇花一枝数颖，一颖数花。每微风至，妖娇颤动，舞燕惊鸿，未足

图02 紫薇花朵的特写

为喻。"

作为原产中国的优良花卉资源，紫薇在我国的栽培历史十分悠久。依照其花色不同，紫薇花园艺品种有 4 大类群：银薇、红薇、紫薇（含翠薇）和复色紫薇品种群。近年来在华东地区园林中还可以欣赏到一些来自国外的优良品种，比如复色矮紫薇（'Berlingot Menthe'），其株型低矮，花瓣红底白边（图 03），丛植于水岸边，十分清新雅致。

图 03 复色矮紫薇

2. 雄蕊群中暗藏玄机

仔细观察紫薇花的雄蕊，可以发现它的雄蕊有两种类型：一种是位于花的中心部位，花丝较短、花药黄色的雄蕊；另一种则是弯曲到一侧，花丝较长、花药褐色的雄蕊。这两种雄蕊在外观、结构和功能上是有分工的，植物学上为异型雄蕊。这种分工不同的雄蕊可以让植物更有效地吸引传粉昆虫，同时又能节省宝贵的传粉资源。

紫薇花中，黄色的短雄蕊称为给食型雄蕊，它的花粉是专门提供给传粉昆虫（主要是蜂类）的报酬，花粉粒比较小，发育也不太正常；褐色的长雄蕊叫作传粉型雄蕊，它的花粉是正常发育的，专门用于繁殖。给食型雄蕊颜色和位置都很显眼，传粉昆虫可以在第一时间被吸引过去，而隐蔽在外围的传粉型雄蕊就可以趁机把花粉涂在昆虫的身上，当它再去拜访另一朵花的时候，就可以将花粉蹭到雌蕊柱头上。

3. 富贵与繁华的象征

紫薇花

唐·白居易

丝纶阁下文书静，钟鼓楼中刻漏长。

独坐黄昏谁是伴？紫薇花对紫微郎。

我国古人将天空划分为紫禁垣（又名紫微垣）、太微垣、天市垣三个星区，紫禁垣居中，太微垣、天市垣分居两旁。紫禁垣的核心便是紫微星，就是现在我们说的"北斗星"。北极星因正对地轴，所以无论哪个季节看，都出现在同一位置，天空中的群星看来也都像在围绕着它旋转。古人由此将紫微星称为"帝星"，命宫主星为紫微星的人就是帝王之相，因而皇帝居住的地方便叫做紫禁城。

紫薇花文化的发展一开始便与象征皇权的"紫微星"有着密切的联系。唐朝开元元年（713年），中书省被改名为紫微省，里面的办事官员中书舍人就被称为"紫微郎"，白居易就担任过这个职务。由于紫微省既负责起草皇帝诏命，又负责初议各地奏章，在帝国政治中起着举足轻重的地位，紫薇很快便成为人们竞相种植的"富贵之花"，当时有民谣曰"门前种株紫薇花，家中富贵又繁华"。

4. 紫薇为啥被叫做"痒痒树"？

紫薇树干非常独特，它的树皮颜色淡，常灰白色，且光滑洁净，打眼一看像是没有树皮的感觉。用手指搔其树身，可见全树颤抖，仿佛经受不住挠痒似的。有诗云："紫薇花开百日红，轻抚枝干全树动。"

紫薇树为啥有"怕痒"的特点？这可能与紫薇树的枝干特点有关，它枝干的根部和顶端部分粗细差不多（图04），相对那些上细下粗较为明显的乔木和灌木来说，紫薇更显得"头重脚轻"。当你轻轻地挠它的枝干时，摩擦引起的震动很容易通过坚硬的枝干传导到顶端的枝叶和花朵，于是就引起了晃动。并且，晃动会逐渐地积累，幅度越来越大。

"怕痒痒"的这种现象在粗细不明显的其他花灌木身上也很显著，如经过重新修剪的丁香、荚蒾和金银木等。相反，如果在一些主干明显、枝干粗细相差较大的大型紫薇树桩上，怕痒痒的现象就不明显了。你就是把指甲挠破，它顶端的枝条也纹丝不动，显得极为"麻木"。

（作者：莫海波）

图04 紫薇枝干

水芹

从古至今都让人赞不绝口

水芹在我国南北诸省的水沟边或潮湿低洼处十分常见，江南一带的水沟河边尤其多，其外形青翠、口感脆嫩。水芹深受先民的喜爱，很早就被采摘作为野菜食用。水芹虽然在北方也有分布，但却很少有食用的传统，而在江南一带，却是一种重要的水生蔬菜，被人奉为"水八仙"之一。

1. 水芹与现今的芹菜是何关系？

水芹为伞形科水芹属多年生草本植物，叶片轮廓三角形，深裂为二回的羽状分裂，基生叶有长柄，叶柄基部有叶鞘包裹在茎上（图01）。它的花于六七月间开放，单朵花非常小，白色，排列成整齐的复伞形花序（图02），模样非常素雅。野生的水芹常常随意地生长在浅水中或岸边，是湿地环境中比较常见的挺水植物之一。东亚和东南亚各国均有栽培、食用水芹的传统。

野生水芹通常长得比较低矮和细弱，叶片占比通常较大，而经过人工栽培的水芹则长得较为壮大，几乎没有野菜的气质，茎干和叶柄更为细长和脆嫩，和旱地上培育出来的芹菜（旱芹）（图03）一样以吃嫩茎和叶柄为主。在菜市场上经过洗净和打理，水芹在外观上就像幼嫩版的普通芹菜，很多人会误以为它就是芹菜的一个品种。

图 01 水芹

图 02 水芹花序

图 03 旱芹

其实，水芹和芹菜完全是不同的物种。水芹是本土植物，喜浅水的湿地环境，而芹菜则生长在旱地上，并且还是舶来品。芹菜的祖先来自欧洲的地中海地区，早在一千多前就开始被种植。最初人们只是把它当作一种普通香草或草药使用，还没拿它当正经蔬菜。经过不断培育和改良，才有了今天这种叶柄粗壮、厚实多汁的芹菜（"西芹"）。它原有的草药味儿和苦味儿基本都消失了，只留下淡雅的清香。不过芹菜传入中国后，又走上另一条培育途径，保留着比较浓重的香气，但叶柄却没有西芹那么发达粗壮，纤维素含量也更高些，这类由中国本土培育的芹菜一般称为"旱芹"。

如何快速区别水芹和芹菜呢？不论是旱芹还是西芹，食用的叶柄都是实心有明显纤维的，横切面可以很清晰地见到这些纤维；而水芹的叶柄茎杆则是空心的。因此，只要掰断一根叶柄就能轻松分辨它们了。

2. 从古吃到今的本土野菜

先民所吃的蔬菜种类本来就不多，保留到今日仍在食用的则更少，而水芹就是其中之一。人们对于水芹的喜爱，也许要归功于它脆爽的口感和恰到好处的香味，很少有野菜能同时兼顾这两样。

我国栽培水芹历史悠久，食用的时期则更长远。周代祭祀的祭品中就有水芹的身影，《吕氏春秋》中有"菜之美者，云梦之芹"之句，这里的"芹"就是水芹。相传三千多年前的周代，祭祀的祭品中已有水芹。商初大臣伊尹还把水芹列为天下美食之一。水芹的人工栽培历史也非常久远，北魏贾思勰《齐民要术》中就有记载水芹的栽培方法。明代李时珍《本草纲目》中叙述了水芹的生态环境："生江湖陂泽之涯"。

水芹在读书人心中，是高雅的象征。《诗经·鲁颂·泮水》有"思乐泮水，薄采其芹"的句子，大意是：大家游乐泮宫水滨，采摘水芹以备大典之用。"芹"在先秦时期是用于祭祀的水生植物，"芹"

与"勤"谐音。后来，读书人中了秀才，要去孔庙祭拜，这就得在城门边的泮池采些水芹插在帽子上，以示自己是个读书人。慢慢地，人们便以"采芹人"来称呼读书人，意喻读书人性情高雅，像水芹一般通透。中国大文豪曹霑

图 04 曹雪芹雕像

（图 04），给自己起过三个号——"雪芹""芹圃""芹溪"，都与"芹"有关，可见他对水芹是情有独钟的。古时人们甚至还将水芹作为进献之礼，以表示亲近之意，故有"献芹""芹意"等暖心之词。

3. 山野的味道

水芹香气浓郁，这是伞形科蔬菜共有的特点。当然，这种香味也不是人人都喜欢的，就像同为伞形科的香菜一样，有的人非常喜欢，有的人却避之唯恐不及。由于水芹的气味比较容易盖过其他食材，因此简单的清炒更适合它，加入豆丝或香干一起炒更能提鲜。常见的做法就是水芹炒香干，一青二白，原汁原味，清清爽爽。水芹不仅可热炒，也适宜做凉拌菜。将茎叶择净，沸水中焯一下捞出，待晾凉后加入适量的食盐等调料拌匀，即可食用。还可作为配菜，切小段后与黄瓜一起凉拌，增加菜品香味，提升味道层次。总之，水芹这种食材，以清爽的路子入馔最好，这样才能保持其独有的清香本色。

（作者：莫海波）

─ 萱草 ─

中国的母亲花

    2021 年火爆全国的电影《你好，李焕英》的主题曲《萱草花》，想必大家都已经耳熟能详。歌词用萱草花表达了对亲人的思念和眷恋。萱草花，是我们身边常见的一种观赏花卉。每年的 6—7 月，一丛丛萱草便进入了盛花期（图 01）。笔直的花葶傲然挺拔于碧绿的叶丛中，映衬得花朵娇艳无比，也将夏天渲染得流光溢彩、热情似火，让人仿佛来到了一方解愁忘忧之地。

图 01 成片盛开的萱草

1. 萱草与黄花菜的区别

萱草属（*Hemerocallis*）植物原生种有约 15 ～ 18 种，我国分布有 11 种（4 个为特有种）。其中又以黄花菜（*H. citrina*）和萱草（*H. fulva*）两个原生种最为常见。另外，近年来园林绿化中常见栽培的，还有很多大花萱草（*H. hybrida*）的栽培品种。

萱草的花橙黄色，无香味。花蕾长 7 ～ 12 厘米，花瓣上面有个明显的橙红色 V 字形斑纹（图 02）。萱草昼开夜合，一朵花只能开一天，因而英文名为 Daylily，取其"花开一日"之意。一般不作食用。

图 02 萱草

黄花菜又名金针菜。它的花瓣为柠檬黄色，有清香味，花瓣无斑纹，花冠管更加狭长一些（图 03）。它的花通常于傍晚开放，次日午前凋谢。黄花菜的花蕾长 8 ～ 16 厘米，可加工成蔬菜食用。

大花萱草不是单独的一个种或一个品种，而是对以萱草为主

图 03 黄花菜

要亲本，与同属其他种类反复杂交而来的上万个园艺品种的统称。大花萱草的很多品种为三倍体或四倍体植物，因其株型强健，花朵较大而得名，品种花色十分丰富，是近年来绿化推广的主要宿根类群。

2. 中国的母亲花

萱草自古以来就深受我国人民喜爱，常被引种栽植于庭前屋后。

并且，萱草还有着十分深厚的文化底蕴。它的栽培历史可以上溯到两千五百年前，最早的文字记载见于《诗经·卫风·伯兮》："焉得谖（xuān）草，言树之背。愿言思伯，使我心痗。"

这句话的意思是："我去哪里能找到谖草？把它种在北堂前。思念夫君啊，让我忧心忡忡。"这里的"谖草"其实是古人假想出的令人忘却忧愁之草，后人因为"谖"和"萱"同音，便将本不存在的"谖草"解读为"萱草"。自此，萱草花语就有了"忘忧"之说。

游子出门远行前，就会在母亲居住的北堂种上萱草，希望母亲能借此忘却忧愁，减轻对孩子的思念。元代王冕的《墨萱图·其一》中有："灿灿萱草花，罗生北堂下。南方吹其心，摇摇为谁吐？慈母倚门情，游子行路苦。"描绘的就是这样的习俗。古时候通讯不像今天这样便利，出门在外的游子可能很多年都没有办法与家里取得联系。对于母亲而言，这样的牵挂和思念是非常深切的，赏萱草而忘忧也算是一种精神安慰。

成语"椿萱并茂"分别用"椿"和"萱"两种植物代表父亲和母亲，意思是希望父母能像香椿树一样长寿，像萱草一样没有忧愁和烦恼。

3. 大花萱草不是百合

我国的萱草原种约占世界萱草资源的 60% ～ 70%，在数千年的栽培历史之中也出现了不少栽培品种。16 世纪中国萱草资源传入欧洲以后，被欧美园艺学家视为宝贵的育种材料。经过数百年的杂交育种和现代多倍体育种手段，现今经过登录认证的萱草品种已超过 4 万个，花色以红、粉、黄、白、绿为主，有单瓣、半重瓣和重瓣等多种花型。

萱草的花型与姿态，打眼一看与百合十分近似。尤其是肥硕的大花萱草（图 04），花瓣宽大，花径也大，混在百合里简直可以以假乱

图 04 大花萱草品种

真。两者都是由 6 枚花瓣构成漏斗状的花冠，高高挺立在枝头，并且花心内部均有 6 枚雄蕊和 1 根柱头。在老的植物分类学系统中，萱草也确实与百合同为一家，隶属于百合科。

但通过现代分子生物学手段分析发现，萱草和百合的亲缘关系还真有点远。曾经的广义百合科已经被拆分成若干个科，大部分类群进入天门冬科，另外还有新成立的秋水仙科（多为小型球根类型）、藜芦科（藜芦、延龄草、重楼等）、阿福花科（芦荟、十二卷、火把莲）等，如今的百合科缩成一个小科，只剩下郁金香、百合、贝母等若干"死党"。

目前，萱草划分至阿福花科（Asphodelaceae），与百合的明显区别在于：萱草的叶片是很长的带状，并且全都是基生的，没有明显的地上直立茎，只在花期时抽出花葶（注意是花葶而不是茎，花葶上没有叶子）；而百合的叶片是比较短的披针形，散生在挺直的地上茎上，并且地下还有蒜头一样的鳞茎，萱草可没有这个。

（作者：莫海波）

— 萝藦 —

长得像婆婆的针线包，小时候的你说不定吃过

"萝藦"是个充满异域风情的植物名。第一次见到的人恐怕会以为它是个外国货，然而它却是不折不扣的本土植物，广布于我国路边灌丛、村落和荒野草地。你可能早已见过它，只是不知道它的大名罢了。

1. 路边野草也有精致的花和果

萝藦（*Cynanchum rostellatum*）是一种多年生的草质藤本植物，各地给它取了很多土名，比如奶浆草、天浆壳、老鸦瓢、飞来鹤、婆婆针线包等。在植物分类学中，隶属于萝藦科（现为夹竹桃科萝藦亚科）萝藦属，是本科的中文名"科长"，可见地位还比较高。

萝藦生性强健，几乎不择土壤，是我国华中、华北、华东、东北地区常见野草（图01）。其茎柔软有韧性，比牵牛花的茎稍粗，若有其他植物的枝条可以依附，它的纤细藤蔓可以缠绕而上长达数米，在合适的依附物上茂盛地生长成一堵绿墙。

当我们折断它的一片叶子或枝条，会发现有白色的"乳汁"流出来。它的叶子摸起来很有质感，卵状心形，叶脉呈辐射状的纹理。它的花儿毛绒绒的，形状像海星（图02），以白色和粉红色居多，花期在七八月间，开放的时候散发出浓郁的香气，常能吸引小昆虫到花朵里面来。

图 01 萝藦植株

图 02 萝藦花的特写

图 03 萝藦果实

萝藦最具特色的是果实，像一个瘦长的纺锤体（图 03），所以萝藦有个别名叫"婆婆针线包"。它的果实成熟于 9—12 月，鲜嫩的果实可以直接生吃或做菜，香甜可口，非常美味。不要看它的果实表皮粗糙，如同癞蛤蟆的皮肤，里面却非常精致，居住着等待"羽化成仙"的种子。

大家一定对蒲公英的种子不陌生，风一吹，像一群小降落伞飞向四面八方。萝藦果实中的种子也有点像蒲公英的降落伞，但又有一些不同。在没有成熟的时候，萝藦种子的小降落伞都是收拢的，紧密地排列在一起，形成梭形的孔雀尾巴形状。一颗颗种子很像孔雀羽毛上的片状点缀，而与种子相连的、没有打开的降落伞则闪烁着绸缎般的光泽。

萝藦果实成熟后就会裂开，小降落伞们也一个个撑开，从针线包中愉快地飞出来随风飘舞，开始一段新的生命旅程。这些小降落伞比蒲公英的降落伞稍大一些（图04），两者的主要区别是萝藦的降落伞没有"伞柄"。通过这一点，我们可以很容易地把它们区分开来。

图04 萝藦果实和种子

2.《诗经》中的萝藦

萝藦在《诗经》中有个非常雅致的名字——"芄（wán）兰"。《国风·卫风·芄兰》曾讲述了一个关于芄兰的有趣爱情故事：

芄兰之支，童子佩觿（xī）。

虽则佩觿，能不我知。

容兮遂兮，垂带悸兮。

芄兰之叶，童子佩韘（shè）。

虽则佩韘，能不我甲。

容兮遂兮，垂带悸兮。

这个故事的大意是，青梅竹马的一对儿，其中的小男孩戴上了觿（角锥，用兽骨制成的解结用具）和韘（扳指，用玉或象骨制成的钩弦用具）装作成年人的样子。与小女孩的几次相遇，不似以往那么热情，男孩总是高昂着头，神气地从女孩面前走过，都不正眼看她一眼——只是因为佩戴了这两件形状像萝藦的物件，他就变成了正儿八经的"小大人"。这让女孩恼怒不已。

3. 伪捕虫植物

萝藦的花结构异常精巧复杂，其精巧的传粉结构可以媲美兰科植物的花，因为它的花粉也是形成"花粉团"的结构，并且高度依赖昆虫传粉（图05）。然而在这个过程中，一些昆虫的口器会被卡在花的缝隙中无法脱身，因此萝藦成了伪"捕虫植物"。简单来说，萝藦的花有以下特点。

1. 花朵出现了功能分化，除了正常的两性花，还有功能性的雄花，即有授粉结构缺陷，不能正常授粉。

2. 传粉过程需要昆虫介入，借助"着粉腺"将花粉团拉出，随后转入"裂隙口"，顺势拉到顶端，完成授粉；功能性雄花因为裂隙口萎缩，不能装入花粉团。

图05 昆虫为萝藦传粉

3. 裂隙口越来越窄，昆虫拉动花粉团至最顶端时，其身体的某些部位，如口器或腿，会被卡住。比如，蝇类的口器是舐吸式的，顶端膨大，在传粉过程中容易被卡在"裂隙口"的窄缝中无法脱身，最终导致其死亡。然而，萝藦的花并没有消化昆虫的能力，"捕虫"的结果纯属是个意外。

（作者：莫海波、吴帅来）

— 芡实 —

软糯香甜的鸡头米

"最是江南秋八月，鸡头米赛蚌珠圆"。作为中秋前后的一道时令美食，鸡头米向来是江南水乡人民挥之不去的故乡情结。每到丹桂飘香的时节，一碗用桂花糖水调味的鸡头米羹便成为众多食客的心头好。那清甜的香气、软糯弹牙的口感，成为江南人最回味无穷的思念。

1. 鸡头米是什么米？

鸡头米，来自一种叫芡实（*Euryale ferox*）的植物所结的种仁。这是一种与睡莲十分相似的植物，为睡莲科芡属的一年生水生草本植物。其果实硕大，外表密被尖刺，呈圆球形，尖端突起，状如鸡头（图 01）。而吃的部分就是这"鸡头"里的种子，故而得名。

在园林上，芡实常被种植在水体中，与荷花、睡莲搭配在一起，作为水生花卉观赏。它的叶片大而圆润，一片挨一片静静漂浮在水面上，叶片表面有着明显的褶皱（图 02），不像睡莲叶子那般光滑。蓝紫色的花形似微缩版的睡莲，常常破叶而出。花葶和花苞上还生有细密

图 01 北芡果实

图 02 芡实的叶片

的锐刺，相比于睡莲，少了几分恬淡而多了些凶悍。

芡实的叶片直径约有一米，正面墨绿色而背面暗紫色，叶脉分枝处还生有尖刺，远看与威武霸气的"水中王者"王莲（图 03）倒是有几分神似。并且，叶背也有许多类似的粗大主脉，里面具有中空的通气孔道，可以使叶片稳稳地浮在水面上。

图 03 克鲁兹王莲叶片

芡实

图 04 南芡果实剖面

芡实通常盛夏开花，果熟期在八九月间。成熟的芡实果实有成人拳头般大小，里面是由膨松的海绵组织包裹着的许多豌豆般大小的种子（图 04）。芡实的种子表皮通常呈棕色或橘红色，除去种皮部分便露出乳白色的种仁。这便是我们所吃的鸡头米。

芡实的种子富含淀粉，磨成粉后遇水、遇热会发生糊化，能使原本稀薄的汤汁变得浓稠而滑润。最早也被用来给菜肴增稠，"勾芡"一词也由此而来。

2. 南芡与北芡

芡实的花开在水上，但果实是在水中成熟的。不过，由于浑身硬刺，既让想吃它的动物无计可施，也让人类吃起来麻烦重重。经过人类长期的栽培驯化，芡实的刺终于妥协了。根据芡实果实表面有刺和无刺，我们可将芡实分为两大类品种：一类为无刺的南芡，也叫苏芡，主要是人工栽培品种，原产于江苏省苏州市；另一类为带刺的北芡，也叫刺芡，主要是野生的，但也有栽培的。北芡南北各地均有分布，但以江淮地区和广东肇庆种植面积较大。

南芡，是苏州地区长期种植和选育的优良品种。植株除叶背外，其他部位均无刺，特别是最重要的果实光滑无刺，因而采收起来容易许多。它的优点是种子产量高，红褐色，个大饱满，种仁品质也好。糯香可口，鲜食最佳，已成为优质芡实的代名词。

北芡，是相对于南芡而言的，实际上全国各地都有，不仅仅在北方种植。不过它的种仁较小，口感也比较粗糙，常作为药用或干制坚果，比较适合做羹、炖粥或者煲汤。

3. 身份不菲的鸡头米

鸡头米的滋味儿，用四个字尽可概括：软糯清香。食用鸡头米的方法有很多，可煮，可炖，亦可炒食。而最大众的吃法就是鸡头米羹，制作方法也简便。将锅中水烧开后，把新鲜鸡头米放入锅中，煮沸后以藕粉勾芡（也可不加），出锅后往碗里加入少许糖桂花，即可食用。舀一勺入口，顿觉心境平和，有"复得返自然"的清爽之感。

鸡头米好吃，但它的价格一直不便宜，主要是因为种植、采收和去皮都比较费时费力，是个辛苦活儿。每年八九月是采收芡实的时候。为了保证果实新鲜度以及避开日出后的炎热，种植户每天都要早起下水，采收时需要戴上手套，以避免被叶背的尖刺划伤，再弯腰在水中摸出果实，判断成熟度是否达标，然后用特制的竹刀将果实割下，放进竹篓中。采收完成后，要赶紧运往交易的市场，随后进入剥皮取籽环节。

鸡头米的种皮极硬，剥皮时要用到专门的工具——铜指甲。先剥去果实松软的外皮，露出棕黄色的种子，再小心用手指上佩戴的铜指甲剔除种皮，一粒粒珠圆玉润的鸡头米才算成功分离。鲜鸡头米极易破汁，剥起来要格外小心。保证鸡头米的外观完整，对口感、价格来说至关重要。一个熟练工剥 1 斤差不多要花上 2 个小时，一天工作 8 小时也只能得到 4～5 斤，所以鸡头米贵是有原因的，其市场价常年都在 100 元 / 斤以上。

如今，种植户大都有了剥鸡头米的机器，但最嫩最好的鸡头米，仍然需要人工来完成，只有偏老的鸡头米才会放进机器里剥。不过，机剥鸡头米的种仁大都表面粗糙，没有手工剥的圆润饱满，因此其市场价也相对低许多。

（作者：翟伟伟、莫海波）

山野植物

SHANYEZHIWU

猴欢喜

高度模仿板栗的它，让猴子见了空欢喜一场？

猴欢喜（*Sloanea sinensis*）是华东乃至我国南方地区常绿阔叶林中的常见树种，隶属于杜英科猴欢喜属。我国关于猴欢喜属的研究不多，关于猴欢喜名字的来源很难找到比较"学术"的说法。在查阅资料时，本人发现下列几个版本总是被翻来覆去地引用，很少看到有人提出质疑。

①猴欢喜的果实像板栗，吸引了猴子，摘下来剥开一看，没有栗子，空欢喜一场，所以称"猴欢喜"。

②猴欢喜的果实表面有一层毛如同猴毛，成熟后开裂成5至6瓣，显露出深黄色的种皮及褐色的种子，形似猴的面孔，猴类十分喜爱，因而被命名为"猴欢喜"。

③猴子喜欢吃它的果实，所以称"猴欢喜"。

那到底猴欢喜因何而得名？这里发表些个人的看法，以期抛砖引玉。

1. 果实让猴子空"欢喜"

第一个版本提到猴欢喜的果实与板栗相似。通过对比不难发现，尚未裂开的猴欢喜果实（图01），在外观上确实与板栗（图02）很相似。甚至有一种与猴欢喜同属的植物直接被命名为仿栗（*S.*

图01 猴欢喜

hemsleyana），意为模仿栗子，这更说明了它们与板栗有着较高的相似性。不过这个版本的后半段，即猴子会不会采摘猴欢喜的果实，还有待考证。

图02 板栗

我个人觉得，猴子采摘猴欢喜的果实可能只是人们根据"像板栗"这个前提做的延伸推测，并没有实际地观察过。因为同样的情况也发生在夹竹桃科的海杧果（*Cerbera manghas*）（图03）身上：其果实长得像杧果，可能也会让猴子空欢喜，同理也有人称它们为"猴欢喜"。不过，海杧果有剧毒，如果真的去食用，

图03 海杧果

可没有留给猴子欢喜的余地。

2. 果实外形似猴脸

图 04 裂开的猴欢喜果实

第二个版本说得还是很有道理的，但肯定不是出自专业人士之口。猴欢喜的外果皮上那一层像猴毛的结构，从专业角度上说不是毛（hairs）而是刺（prickles），通常称为针刺。猴欢喜的果实属于蒴果，成熟后会呈3—7片裂开，露出紫红色的内果皮，以及有光泽的黑色种子，种子上覆盖一层黄色的假种皮（aril）。裂开的果实（图04）某种程度上的确能让人联想到猴子。也正是这个特点，增添了猴欢喜在园林应用时的观赏价值。

3. 果肉是猴子的菜？

第三个版本说猴子喜欢吃猴欢喜的"果实"。这里说的"果实"应该是指假种皮和种子。的确，有许多带有假种皮的果实是依靠吸引哺乳动物取食来传播种子的，如荔枝、龙眼、榴莲（图05）、山竹等。它们的共同特点是在种子外部覆盖一层甜美多汁的假种皮，动物食用假种皮的同时随意丢弃种子，从而使种子得以传播。

但是猴欢喜的假种皮没有甜美的汁液，可能也没有什么吸引哺乳动物的特殊地方，目前也还没有科学家发表过猴子取食猴欢喜的相关报道。所以，说猴子喜欢吃猴欢喜"果实"的说法还有待进一步验证。那么，假如猴欢喜不是靠猴子或者其他哺乳动物传播种子，它们还能靠什么传播呢？或者它们比较佛系，直接掉地上就完事了？

图 05 榴莲

  没错，就是直接掉地上！但是，这还没有完，蚂蚁会继续接下来的传播工作。许多植物都会靠蚂蚁搬运来传播种子，这种传播方式被称为蚁媒传播。有研究者研究过与猴欢喜同属的植物——仿栗种子的传播。仿栗假种皮的主要成分是棕榈酸和油酸，这两种物质是蚂蚁所喜欢的。蚂蚁会咬着假种皮连同种子一起搬运到蚂蚁窝，然后把假种皮吃掉，丢弃种子。虽然蚂蚁搬运的距离有限，通常也就一米左右，但它们总能快速地将种子搬运开，免得种子扎堆在一起，因而方便了种子的扩散。仿栗与猴欢喜同属，在果实、种子以及假种皮的形态上极为相似，可以猜测它们种子的传播方式大体相同。

  看完了以上的分析，或许大家还是没有搞明白猴欢喜为什么叫猴欢喜。不过与思考与查证的过程相比，这也许已经没那么重要了。

（作者：龚理）

朱砂根

买下它就能轻松收获"万两黄金"

春节前后，在全国各地的花卉市场上总能看到一种绿叶在上、红果在下的盆栽（图 01），其商品名为"富贵籽"，也有人称其为"百两金"或"黄金万两"。红红火火的果实，本身就很喜庆，符合过年的气氛，再加上这些充满寓意的名字，更是增添了它富贵的寓意。此外，其果实数量繁多、挂果时间长，也有着多子多福的象征。这种种的特征，注定了它能成为年宵花市场的宠儿，无论是家庭摆放，还是

图 01 朱砂根盆栽

用作店面柜台、商场门口的装饰，它都是不错的选择。

1. 名字的由来

"富贵籽"的中文名在《中国植物志》中为"硃砂根"，在该书英文版中则修正为"朱砂根"。朱砂根这个名字最早可以追溯到明代李时珍（1518—1593）的《本草纲本》："朱砂根，生深山中，今惟太和山人采之。苗高尺许，叶似冬青，叶背甚赤，夏月长茂。根大如箸，赤色，此与百两金仿佛……"

朱砂根的拉丁名为 *Ardisia crenata*，为报春花科紫金牛属植物（原为紫金牛科，在 APG 系统中，紫金牛科被并到报春花科）。属名 *Ardisia* 来源于希腊词汇 ardis，意为"尖端"，表示这个属的植物有着尖如塔状的花药，或者是指花冠裂片尖形。当然，这里指花药尖如塔状的可能性更大，因为紫金牛属植物的花药呈三角状披针形，五枚雄蕊合抱生长，花药组成尖塔形（图 02）。朱砂根的花药和花冠裂片上，常常能看到黑色的腺点。

图 02 朱砂根花朵

图 03 朱砂根叶缘

图 04 朱砂根果实

朱砂根的种加词 *crenata* 意为"有圆锯齿的",这也是朱砂根的一大特点。朱砂根的叶片革质或者坚纸质,叶片的边缘有明显的半圆形的锯齿(图03),两个锯齿间的凹陷处可以看到一枚"腺体"。说是"腺体",但与其他种类的能分泌汁液以吸引蚂蚁的腺体(Leaf gland)又不一样。严格来说,它应该属于一种叶瘤(Leaf nodule)。

叶瘤是紫金牛属圆齿亚属的一个重要特征。研究发现,朱砂根顶芽腔内的细菌会感染幼叶,在叶缘处形成叶瘤。此外,这个细菌也会感染开花侧枝,并能通过种子传给下一代,成为一个稳定的特征。叶缘的形态是紫金牛属圆齿组分类的主要特征之一。

2. 喜阴的观果植物

朱砂根在国内分布范围较广,西至西藏东南部,东至台湾,以及长江以南的山地几乎都能见到它的身影,它们通常生长在疏林或密林林下。朱砂根的果实成熟时呈鲜红色(图04),吸引鸟类采食，种子便随粪便传播。一般喜阳的植物在光线不足的环境下会徒长，而朱砂根作为一种耐阴植物，在弱光条件下，茎没有徒长，根系会变得更加发达。

3. 漂亮的植物也有黑暗面

美国在 20 世纪初就开始引进朱砂根作为观赏植物。1981 年，朱砂根在美国佛罗里达州逃逸至野外。由于具有果实数量繁多、红色的果实吸引鸟类传播、种子发芽率高、幼苗成熟快（2 年生苗就可以产生种子）等特性，朱砂根在佛罗里达州迅速扩张，成为一种令人害怕的入侵植物。据报道，最高纪录是在一平方米的范围内，分布有一百多株朱砂根。朱砂根占领了自然栖息地，遮蔽了原生植物，对当地动植物造成了很大的威胁。目前，佛罗里达州已将朱砂根列为 I 类外来入侵物种。

这件事情也提醒我们，家养的动、植物，不要随意野放，因为它们可能会对大自然产生极大的威胁。

（作者：龚理）

铜钱树

人见有爱的"摇钱树"是哪种树？

"摇钱树"本是我国古代神话故事中虚构的一种神奇植物，只要摇晃一下就有许多钱币落下来，后人用来比喻任何可以轻松获得钱财的东西。这样的"摇钱树"，谁不想拥有一棵？然而这虚构的植物现实中真有吗？你还别说，神奇的大自然还真是无奇不有，符合摇钱树这一形象的树种还真能找到几种，比如铜钱树，就是一种非常有趣的乡土植物。

1. 铜钱树果实

铜钱树（*Paliurus hemsleyanus*）是鼠李科马甲子属的落叶乔木。它的果实带有圆盘状的翅（图 01），与古代的铜钱有几分相似，因此得名。马甲子属植物的果实周围具木栓质或革质的翅，这个特性让它们更容易成为化石保存下来。从出土的化石来看，这个属的植物曾经有着广泛的地理分布，印度、北美、亚洲和欧洲部分地区都有它们的踪迹。目前，马甲子属仅存 5 个种，均分布于欧亚大陆，其中我国有4 种。

铜钱树的属名 *Paliurus*，表示一种带刺的灌木。但是铜钱树通常可以长成十多米高的乔木，这似乎与事实不相符。为什么要用这样的属名呢？主要是因为这个属的模式种滨枣（*Paliurus spina-christi*）

图 01 铜钱树

（图 02）是一种带刺的灌木。

传说耶稣在上十字架时，头上戴的刺冠（crown of thorns）就是用滨枣的枝条做成的。

2. 铜钱树的近亲

在传统的分类学上，植物学家们认为枣属、马甲子属关系非常相近，这里就拿我们相对熟悉的枣（*Ziziphus jujuba*）与铜钱树来说吧。有朋友可能迷糊了，一个是肉质的果，一个是木质的果，说二者关系相近，貌似有点说不通吧。

图 02 滨枣植株

我们先来看看花。铜钱树的花与枣的花几乎长得一模一样（其实鼠李科的花都差不多）。它们的萼片5裂，呈五角星形。它们的花瓣都非常小，白色，长在雄蕊正下方，与雄蕊等长。在花的中间有一个肥厚的花盘，花盘中间长着子房，子房中间长柱头，枣的柱头2裂（枣有两枚种子），铜钱树的柱头3裂（有三枚种子）。二者的花都是子房上位，但是它们子房的基部都与花盘合生。注意，子房与花盘相嵌这个很关键，它影响着果实的模样。

枣花（图03）在授粉之后，子房开始发育，花盘几乎不变大，于是果实慢慢长成了椭圆形。我们在观察枣的时候，可以发现，每一

图03 枣花

颗枣的屁股上都有一个圆形的小洞，那个就是没有膨大的花盘留下的痕迹。而铜钱树的花在授粉之后，子房与花盘一起发育，但花盘发育的速度更快，到最后花盘成为一个木质化的翅，围绕着整个果实。

两者的果实长成了不同的形态，由此它们种子传播的途径也不一样。枣的果实有甜美的果肉（中果皮），可以作为动物的食物。相应地，动物在采食的时候会在无意间帮助它传播种子。铜钱树的果实带有圆盘状翅，种子传播主要靠风力。像铜钱树这样依靠风来传播的果实类型，种子传播的距离通常有限，且常常又会受到天气、风速、地理位置、母树高度等因素的影响。

3. 其他相近的"摇钱树"

有一种植物的果实与铜钱树的果实非常相似，它叫青钱柳（*Cyclocarya paliurus*）（图04），是胡桃科青钱柳属的植物。细心的

图 04 青钱柳

读者会发现，它的种加词（*paliurus*）就是铜钱树所在的马甲子属的拉丁名，这更加说明二者具有相似性。假如在野外遇到一颗这种形状的果实，我们又怎么去区分呢？

青钱柳果实上的翅是由苞片发育来的，在翅的上方还残留有花被片与花柱的痕迹。如果碰巧上面花被片和花柱掉了，可以翻过来看果实的基部。在铜钱树的基部有一个圆台状的宿存花萼筒，而青钱柳的果实是直接与果柄连接。

（作者：龚理）

— 风箱树 —

水陆两栖的风箱树

  每年七月初，上海辰山植物园西湖边伫立于水中的风箱树迎来盛花期（图 01）。盛花期的风箱树犹如水中跳舞的少女，婀娜多姿，千娇百媚，又似一幅画家笔下的写意画，动中有静，静中有动，给闷热的七月带来丝丝清凉之意。

1. 风箱树的正名

  风箱树为茜草科风箱树属的植物，落叶灌木或小乔木，学名为 *Cephalanthus tetrandrus*。风箱树属是一个只有六个种的小属，其中

图 01 风箱树盛花

美洲三种，亚洲两种，非洲一种，而我国只产风箱树一种。在国内，风箱树的文献不多，但大部分文献都误用了风箱树属的模式种北美风箱树（*Cephalanthus occidentalis*）的拉丁名。北美风箱树（图 02）原产北美东部和南部。这两个种长期以来被混淆，不过 *Flora of China* 中确有关于两个物种的介绍。

图 02 北美风箱树

2. 风箱树释名

先说一下中文名。风箱树，顾名思义跟风箱有关。风箱是以前打铁铺里必不可少的工具，一推一拉可以快速把铁块烧得通红。风箱树生长速度较快，材质又轻盈，是做风箱的好材料，因此人们常常用这种树的木材来做风箱，久而久之就把它称为风箱树了。

接下来说说拉丁名。风箱树属的拉丁名 *Cephalanthus* 是由植物分类学的祖师爷林奈先生所命名的，最早记于他 1753 年的《植物种志》中。这是一个"霸气"的属名。为什么这么说呢？

我们先来看看这个名字的意思。*Cephalanthus* 这个词由两个古希腊词汇组成：κέφαλη（kephale）表示头状的（图 03），ἄνθος（anthos）表示花。这个属名的意思就是头状花序。在茜草

图 03 风箱树花序

科中，有头状花的属有很多，而林奈先生偏偏把这个头状花序的名字安给了它，或许是对它有偏爱吧。风箱树的种加词 *tetrandrus* 由前缀tetr-（四）和 andrus（雄性），意为"有四枚雄蕊的"，表示每一朵小花有四枚雄蕊。

3. 风箱树的特征

从刚才的学名解释，我们知道了风箱树的一些特点。风箱树的小花有很多，它们长在一个膨大、呈圆球形的花托上，密聚成一个浑圆的头状花序。风箱树是 4 基数，它的小花有 4 个裂片，雄蕊也是 4 枚。风箱树的花有一个特别有意思的地方：在它的花冠裂口处有一枚黑色的腺体，在开花之前，黑色的腺体特别明显，像一双双小眼睛，可爱极了。

风箱树的叶子也很有特点，常常可以看到三叶轮生，而茜草科的大多数植物是叶对生的。风箱树的叶子近革质，叶脉比较明显，长得很像番石榴的叶子（图 04）。在我国台湾，番石榴又叫芭乐，而风箱

图 04 番石榴

图 05 细叶水团花

树通常长在水边，所以当地人也把风箱树称作水芭乐。

有人常常分不清风箱树与水团花、细叶水团花。其实只要了解了上面所说的特点就很容易区分它们了。风箱树的叶子比较大，通常三叶轮生，小花有黑色腺体，这样就可以与水团花、细叶水团花区分开了。而水团花与细叶水团花（图 05）只要看叶子就可以区分了：它们一个叶大一个叶小，而且细叶水团花没有明显的叶柄。

4. 优良的湿地植物

风箱树是一种优良的湿地植物，喜欢长在水边，甚至在浅水中也可以很好地生长，可以说风箱树是一种水陆两栖的植物。人们通常把风箱树作为一种护堤植物，把它种在岸边，以防止岸上的泥土崩塌或者被侵蚀。风箱树还是一种净化水体的优良木本植物，种在水中，可有效地去除水体中的氮、磷等营养元素。

由于种种原因，台湾的风箱树已经被确认为"野外灭绝"。也就是说，野外再也找不到野生的风箱树了，能见到的都是人工栽培的。风箱树在香港也常常被描述为"非常罕见"。目前，我国内地没有相关报道，资料十分匮乏，希望有关研究人员关注一下这种植物的现状，如需保护，当及时采取措施。愿这种美丽的植物能一直在野外自由地生长。

（作者：龚理）

── 蜡瓣花 ──

与蜡梅同色的一串黄花

图 01 蜡瓣花盛开

　　每年早春三月，是许多先花后叶的木本植物开花的时候，比如大家熟悉的梅花、玉兰、樱花等。除此之外，在华东的山野之中还有一种名为蜡瓣花的小灌木迎来盛花期，一串串嫩黄油蜡的花朵悬垂在枝头上（图01），可爱之极。

1. 蜡瓣花的名字

　　蜡瓣花（*Corylopsis sinensis*），为金缕梅科蜡瓣花属的植物。属

图 02 蜡瓣花植株

名 *Corylopsis* 由 Corylus（榛属，桦木科）与后缀 -opsis（形态相似）组成，表示蜡瓣花属一些植物的叶片（图 02）与榛属植物（图 03）的叶片相似，二者侧脉明显且直，直达叶片边缘，形成锯齿。

图 03 榛的叶片

种加词 *sinensis* 意为"中国的"，表示蜡瓣花原产我国，主要产于湖北、安徽、浙江、福建、江西、湖南、广东、广西及贵州等省区，分布于海拔 1000 ~ 1500 米的林中。

蜡瓣花属在全世界约有 30 种，分布于东亚和北美，我国产约 20 种，主产长江流域和西南至东南部。其中 19 种是我国特有的，而蜡瓣花就是这 19 种之一，也是本属中最为常见的一种。

蜡瓣花属的锯齿有吐水的现象，因此在日本通常也称它们为水木，如穗花蜡瓣花（*C. spicata*，在 The Plant List 中此种已并到 *C. sinensis*。二者花部形态稍有区别，故本文沿用原名）被称为"土佐水木"（土佐为地名），少花蜡瓣花（*C. pauciflora*）被称为"日向水木"（日向为地名）。

2. 早春山野中的小黄花

蜡瓣花是由《中国 —— 园林之母》的作者，英国著名园艺学家、植物学家、探险家欧内斯特·亨利·威尔逊（Ernest Henry Wilson，1876—1930）（图 04），于 20 世纪初在中国西部采集的，且是由英国植物学家威廉·博廷·赫姆斯利（William Botting Hemsley，1843—1924）于 1906 年首次发表的。值得一说的是，蜡瓣花的模式标本在名字发表 5 年后（即 1911 年）才压制。这份标本的枝条则是由威尔逊采集的种子播种出来的。

蜡瓣花是一种落叶的灌木，秋天树叶脱落。早春，在长新叶之前，蜡瓣花先抽出了花序。总花序朝下生长，远看像是挂在上面一样。花序上长有数朵小花。小花花瓣有 5 枚，黄绿色，雌、雄蕊也与此同色（图 05），整个花序看着就像是用蜡雕刻成的，似乎还泛着蜡质的油光，而这也正是蜡瓣花中文名的由来。

蜡瓣花除了颜值较高之外，

图 04 欧内斯特·亨利·威尔逊

图 05 蜡瓣花花部特写

还带有芳香，是一种理想的观赏植物，宜孤植于庭院或与同期花色艳丽的植物如碧桃、紫荆等搭配，相互衬托。也有人喜欢将蜡瓣花做成盆景，若养护得好，盆内的小小植株将挂满黄绿色的花序，且能满室飘香，十分赏心悦目。

3. 蜡瓣花的园艺品种

蜡瓣花在英国有着悠久的栽培历史，英国人当然不会满足于植物仅有的美，他们总有能力让一个物种变成多个品种。英国园艺学家哈罗德·希利尔（Harold Hillier，1905—1985）在他的私人植物园哈罗德·希利尔爵士花园（Sir Harold Hillier Gardens）中选育出了一个优雅的蜡瓣花品种，并将它命名为'春紫'蜡瓣花（*C. sinensis* 'Spring Purple'）。这个品种的嫩叶在春天呈绚丽的紫色。夏天时，叶片变成铜绿色。到了秋天，则变成紫红色。冬天叶片凋落，但很快又到花期了。这就是这个品种的魅力所在，几乎一年四季都是观赏期。

（作者：龚理）

毛华菊

谁能想到藏身山野的小菊花日后能发扬光大？

图 01 杭白菊

菊花从古至今，都是我国雅俗共赏的一种著名花卉，除了花美可赏外，还可以饮用、药用，如杭白菊（图 01）泡水便是上好的饮品。今天我们就来介绍菊花的主要野生亲本 —— 毛华菊。

1. 菊花的杂交起源

目前全世界的菊花有两三万个品种（图 02）。这么庞大的品种数量，要去追究它们的起源是一件艰难的事情。从上世纪50年代起，许多学者开始用各种方式来探究这个问题。

菊花起源于我国已成为学界的共识，菊花的模式标本也来自我国。在1789年，法国商人布朗卡尔从我国带了三个菊花品种到法国，结果只种活了紫色的大复瓣花品种。1792年，一位法国园艺学家将这株植物命名为*Chrysanthemum morifolium*——这便是菊花的学名。到现在，菊花的起源问题还没有得到清晰的答案，但基本可以确定：现代菊花是由同属多个野生种通过人工杂交选育而成的多起源杂交种。

菊属的属名*Chrysanthemum*由古希腊词汇 chrysos（金色的）+ anthemon（花）组成，表示花为黄色。学界一般认为，黄色为菊花的原始颜色，种源主要来源于野菊（*C. indicum*）（图03）、甘菊（*C. lavandulifolium*）等。而菊花的红色主要来源于紫花野菊（*C. zawadskii*）、小红菊（*C. chanetii*）（图04）等。除此之外，

图02 菊花品种

图03 野菊

图04 小红菊

毛华菊

在中原地区广布的毛华菊（ *C. vestitum* ）也是菊花的主要起源种之一。

2. 多变的毛华菊

毛华菊主要分布于河南西部、湖北西部及安徽西部。毛华菊的种加词 *vestitum* 为"衣服"的意思，因为毛华菊全部茎枝以及叶背都被稠密厚实的贴伏短柔毛，这也是中文名——毛华菊"毛"的来源。

毛华菊的舌状花通常为白色（图 05），所以一般被认为是白色系菊花的主要来源。研究者在调查中发现，野生的毛华菊颜色较为丰富，除了白色外，还有粉色、淡紫色，甚至还有黄色。这种颜色多变现象在菊属的其他物种中是少有的，这意味着毛华菊对菊花品种颜色的贡献可能不仅仅是白色。

毛华菊除了颜色多变外，还有一种现象与菊花品种有着极高的相似性，那就是花的结构。这里我们先了解一下菊花的花结构。我们通常说的"一朵菊花"，其实指的是一个头状花序。花序由两种类型的

图 05 毛华菊

小花组成。围绕在外面的一圈像花瓣一样的小花叫舌状花，集中在中间的为管状花。

3. 菊花的瓣型

现代的菊花品种很难找到标准的舌状花、管状花去衡量。在菊花品种中，通常根据舌状花花瓣的形状进行分类，一般分为平瓣类、管瓣类（图06）、匙瓣类和混合类四大类。

据报道，野生的毛华菊也能找到与现在的菊花品种一一对应的花瓣类型。平瓣类是毛华菊最典型的瓣型。

图06 管瓣类菊花品种

在这种类型中，花瓣也常常能有各种各样的变换。管瓣类是指舌状花管化成管状，匙瓣类是指舌状花多少有一部分管化，而混合类则指同时出现这几种类型。

毛华菊除瓣型与菊花相似外，还存在重瓣化现象。这是菊花普遍存在的现象，在菊属植物中，舌状花有 2 到 3 轮，小花数量达 24 枚以上的通常被称为重瓣。研究者发现，毛华菊舌状花最多的可达 32 枚。在花的大小上，毛华菊有着较宽的变化幅度，野外发现的毛华菊花的直径从 1.8 厘米到 6.3 厘米都有。

毛华菊的种种特征表明，它有着较宽的变异幅度，蕴含着较高的遗传多样性。这暗示着，毛华菊与菊花之间可能有着千丝万缕的关系。我们期待科学家们揭开毛华菊与菊花之间的更多秘密。

（作者：龚理）

醉鱼草

看起来人畜无害的花儿竟然能把鱼毒翻?

炎炎夏日，城市绿化带里的醉鱼草品种集体盛开，那或紫、或粉、或红、或白的柔美花穗，在形、香、色、韵上给游客带来了强烈的新鲜感，让闻风而来的蜜蜂和蝴蝶也沉醉其中，流连忘返。

1. 醉鱼草真的能毒鱼?

说起醉鱼草，可能大多数人还不是特别熟悉。它并不像百合、月季等大众花卉那样深入人心，但近些年，以大叶醉鱼草（*Buddleja davidii*）（图 01）为代表的优良品种已经在世界城市园林中广泛应用，它们以丰富的花色、良好的抗性、招蜂引蝶的本事，让许多花园主人对之青睐

图 01 大叶醉鱼草品种

图 02 醉鱼草开花植株

有加。

醉鱼草这个名字非常有趣。看到这个名字,你可能禁不住要问:它真的能醉鱼吗?实际上醉鱼草全株有小毒,将其捣碎投入河中,能使活蹦乱跳的鱼儿像喝醉了一样暂时晕过去,投毒者伸手即可捕捉。

关于醉鱼草的文字,《本草纲目》中有十分生动的描述:"醉鱼草南方处处有之,多在堑岸边作小株生,高者三四尺。根状如枸杞。茎似黄荆,有微棱,外有薄黄皮,枝易繁衍。叶似水杨,对节而生,经冬不凋。七八月开花成穗,红紫色,俨如芫花一样,结细子。渔人采花及叶以毒鱼,尽圉圉(yǔ)而死,呼为醉鱼儿草。池沼边不可种之。此花色状气味并如芫花,毒鱼亦同,但花开不同时为异尔。"

这里所描写的醉鱼草,应该就是我国长江流域以南(华东、华中、华南和西南地区)最为常见的醉鱼草(*Buddleja lindleyana*)(图 02)。它是一种落叶小灌木,高 1 ~ 3 米。茎皮褐色,小枝具四棱。叶对生,

图 03 醉鱼草花序

萌芽枝条上的叶为互生或近轮生，叶片膜质，长圆状披针形。穗状聚伞花序顶生，花紫色，芳香，花冠长 1.3 ～ 2 厘米，花冠管弯曲，花冠裂片常为 4 枚（图 03）。醉鱼草花期很长，从 4 月可连续开放至 10 月。

经过化学分析，醉鱼草的花和叶含醉鱼草甙（buddleo-glucoside）、柳穿鱼甙（linarin）、刺槐素（acacetin）等多种黄酮类物质。花、叶及根可供药用。此外，全株可用作农药，专杀小麦吸浆虫、蝗虫及灭子孑等。故醉鱼草有闭鱼花、痒见消、药杆子、防痛树、药鱼子、鱼泡草、毒鱼草等别名。

2. 醉鱼草属科学分类的坎坷历程

《中国植物志》和 *Flora of China* 将醉鱼草属列入马钱科（Loganiaceae）；1981 年的克朗奎斯特分类法将其单独分出醉鱼草科，列入玄参目；2003 年经过修订的 APG 分类法又不承认醉鱼草科，而是将醉鱼草属放入玄参科。

醉鱼草属（*Buddleja*）植物全世界约有 100 种，分布于美洲、非洲和亚洲的热带至温带地区。我国拥有丰富的醉鱼草属植物资源，有 29 种，另有 4 变种，占世界总数的 30% 以上，主要分布在西北、西南、中南和华东地区，尤以西南地区最多。其中中国特有种约 17 种，如云南醉鱼草（*B. yunnanensis*）。大理醉鱼草（*B. taliensis*）、全缘叶醉鱼草（*B. heliophila*）。其中有不少种类在野生状态下即表现出很高的观赏价值和较强的适应性，如互叶醉鱼草（*B. wardii*）、大序醉鱼草（*B. macrostachya*）、皱叶醉鱼草（*B. crispa*）、大花醉鱼草（*B. colvilei*）、大叶醉鱼草等，可直接引种栽培利用。有些种类具有很强的抗性，如白背枫（*B. asiatica*）、莸叶醉鱼草（*B. caryopteridifolia*）等，可作为抗性育种的亲本材料，开发出低能耗的园林植物。还有些种类可供

图 04 密蒙花染色的糯米饭

药用或用作植物染料，如密蒙花（*B. officinalis*）（图 04）可作为黄色染料给食品或布料染色。

3. 优雅芳香的观赏植物

醉鱼草属植物枝条柔软多姿，不仅花色丰富，而且一年四季均有花开，如冬季开花的有柱穗醉鱼草，早春开花的有皱叶醉鱼草、密蒙花。这也是中国醉鱼草属独有的一大特色。

多数醉鱼草种类在夏秋开花，弥补了夏季少花的不足。多样的花色和香气，极易引来蜜蜂、蝴蝶等（图 05），故其英文名叫 butterfly bush（蝴蝶木）。据研究，仅大叶醉鱼草的访花昆虫就有 63 种之多。中国园林中应用的主要有大叶醉鱼草、醉鱼草、互叶醉鱼草（图 06）、密蒙花、白背枫等少数种类。

图 05 蝴蝶在醉鱼草属植物上采蜜

1774 年大叶醉鱼草被引种到英国，其后欧美育种专家通过种间杂交培育出诸多花序硕大、花

图 06 互叶醉鱼草

色多彩的栽培品种。可惜的是，像大多数花卉一样，中国对醉鱼草属观赏植物的研究利用相比国外还差得很远。

4. 园林中的应用

醉鱼草属观赏植物因其芳香美丽的花朵、秀丽的叶片和优雅的株形，再加上病虫害少、耐修剪、管理粗放和繁殖容易等特点，已成为植物园、私家庭园和街道绿地中植物造景必不可少的香花灌木，可丰富园林季相景观。此外，将不同的种类和品种的醉鱼草搭配种植，也可形成四季均有花可赏的专类香花园。有些醉鱼草属的品种还是优良的切花材料。

目前绿地中应用最多的为大叶醉鱼草，小枝外展而下弯，圆锥花序（直花系），花序长约 40 厘米，花有紫色、蓝色、粉色、白色、黄色等多种。花朵香气浓厚，花期在每年的 5—9 月。此外，叶色灰绿、叶背白色，也是区分醉鱼草的重要特征。

（作者：郭卫珍）

常春油麻藤

明明是模样可爱的小小鸟，闻起来分分钟能熏倒人

　　每年春末夏初的时候，街道边的石楠花散发的气息会令很多人避之不及，但在我们身边，其实还有比石楠花气味更具攻击性的植物。它经常被种植在廊架或围栏上，平时就是一幅人畜无害的常绿藤蔓，一旦初夏来临，它那海量的花儿便齐刷刷上阵，散发出令人作呕的气味。这便是城市园林中常使用的垂直绿化植物——常春油麻藤。

1. 油麻藤与黧豆

　　常春油麻藤隶属于豆科蝶形花亚科油麻藤属。长期以来，分类学家们依据油麻藤属植物荚果和种子的特征将油麻藤属分为 2 个亚属：荚果单侧开裂，种子无假种皮，种脐长度占种子周长的 1/2 及以上的，为油麻藤亚属（*Mucuna* subg. *Mucuna*）；荚果两侧开裂或不裂，种子有显著假种皮，种脐长度占种子周长的 1/2 以内的，则为黧豆亚属（图 01）（*Mucuna* subg. *Stizolobium*）。常春油麻藤因为特征符合前者，便被划归油

图 01 黧（lí）豆（狗爪豆）

麻藤亚属。然而，2016年的一项分子研究表明，油麻藤亚属是一个并系群[①]，包括常春油麻藤、大果油麻藤在内的数种应当从油麻藤亚属中独立出来，并划入新建立的大果亚属（*Mucuna* subg. *Macrocarpa*）。在形态上，该亚属荚果木质化，极长，通常含种子10枚以上，种子间缢缩的特征也与油麻藤亚属相区别。

2. 别具一格的花

图02 常春油麻藤花序

每当仲春之际，常春油麻藤便开始开花。它们的花酷似三五成群的紫色小鸟（图02），在和煦的春风中翩翩起舞，引得游人纷纷驻足而观。常春油麻藤的花朵为豆科典型的蝶形花冠，花朵排列的方式从外观上来看很像"总状花序"，但是仔细观察，可以发现每3朵花生在一个小枝上，而数个生花小枝再总状排布于花序轴上。这种2朵或以上花着生在一个生花节上，多个生花节再总状排布于花序轴上的排列方式有别于每朵花都是单独着生在花序轴上的总状花序，因此被称为"假总状花序"。

不过，虽然这些花朵形状非常有趣，但它们"只可远观、不可近赏"。因为，它们的花萼筒上常具有密密的一层带毒的刚毛（图03），一旦游客不经意间碰触而又没有及时清洗，刚毛中的毒液便会导致游客皮肤的碰触部位瘙痒不堪。此外，每当油麻藤花将败而未败之际，它们便会散发出一股难闻的气味，令人避之唯恐不及。

① 并系群（paraphyletic group）是指一个生物类群，该类群中的成员皆拥有一个"最近共同祖先"，但该类群并不包含这个最近共同祖先的所有后代。

图 03 常春油麻藤花萼上的刚毛特写

3. 恶臭的作用

油麻藤属有诸多种类通过恶臭和花蜜来吸引蝙蝠等访花者为之授粉，典型的如巴西的南美长鼻蝠（*Glossophaga soricina*）和长舌蝠（*Funambulus tristiatus*）是牛目油麻藤（*Mucuna urens*）的有效传粉者；中美洲产的扁籽油麻藤（*M. holtonii*）的旗瓣形成凹巢，能够反射蝙蝠发出的大部分超声波，从而在夜间吸引蝙蝠传粉；澳洲无花果蝠（*Syconycteris australis*）在吸食花蜜的同时帮助长柄油麻藤（*M. macropoda*）传粉。那么，常春油麻藤又是如何传粉的呢？中国科学院昆明植物所研究人员于 2012 年对昆明地区半野生状态的常春油麻藤的一项研究表明，在昆明地区，常春油麻藤能通过恶臭和花蜜吸引当地的泊氏长吻松鼠（*Dremomys pernyi*）和赤腹松鼠（*Callosciurus erythraeus*）取食花蜜并为之授粉。由此可见，常春油麻藤的"花香"虽然"熏倒众生"，但是一些小动物并不介意，反而非常喜好这种

"独特的花香"。

4. 多种多样的用途

　　除了被用作庭院观赏植物，常春油麻藤还有着广泛的用途。其实，"油麻藤"才是常春油麻藤最原本的俗称。之所以这么称呼，是因为它们的茎皮可用于编织草袋和造纸，而种子可以榨油。此外，据《中国植物志》介绍，油麻藤的茎皮能药用而"有活血去瘀，舒筋活络之效"。当然，这一点还有待现代医学的验证。在宁波的天童寺周边山区，当地的老人会在每年油麻藤果实成熟之际，采集油麻藤的种子（图 04），做成佛珠，售卖给前来天童寺祈福的人们。在地处我国西南边陲的云南地区，一些地方的人们会在每年油麻藤开花之际，采摘它的花，做成美味的菜肴，大饱口福。

图 04 常春油麻藤果实

（作者：蒋凯文）

胡枝子

最能代表秋天的乡土野花

　　离离暑云散，袅袅凉风起。进入秋天以后，在华东地区的山野路边，除了能看见各种芒草的花序摇曳外，还能遇见粉紫色的小灌木夹杂其间，细长的枝条缀满繁花（图01），给人无尽的浪漫之感。这便是最能代表秋天的野花——胡枝子。

图01 胡枝子开花

1. 广布于大江南北的胡枝子

胡枝子（*Lespedeza bicolor*）隶属于豆科胡枝子属，是其中较具有代表性的植物。在我国的分布范围也十分广泛，北达黑龙江省，南及广东省，皆有其踪迹。它们通常生长在山坡、林缘或路边。每年夏秋之季，它们深粉红色的花朵便会盛开，虽只是灌木，然其盛开之状，大可用"满树繁花"来形容。

除了偶有栽培于庭院供人观赏外，胡枝子还是重要的防风、固沙及水土保持植物，是营造防护林的重要伴生物种。胡枝子的种子油可供食用，也可以用作机器润滑油。胡枝子的叶片可以作为茶叶的代替品，枝条还可用于编筐。此外，中医认为胡枝子的根入药有解表、治感冒之效；又认为胡枝子的茎叶入药有"润肺清热，利水通淋，治肺热咳嗽、百日咳、衄、淋病"之效。但究竟是否真的有如此神效，还需更多的研究证明。

2. 种类繁多的胡枝子家族及近亲

胡枝子属家族成员约有 60 种，广泛分布于东亚及北美的温带和亚热带地区，在我国约有 26 种之多。大多数种类通常植株矮小，为多年生草本或半灌木。其中，最具代表性也最广布的种是截叶铁扫帚（*Lespedeza cuneata*）（图 02），在华东地区不少荒地甚至没修剪的草坪就能遇见。还有铁马鞭（*L. pilosa*），在华东地区的山间可以见到。此外还有多花胡枝子（*L. floribunda*），开着紫色或蓝紫色的花，在华东地区一些山地的山坡上可以觅得其踪。个别种类植株则比较高大，通常为灌木。除了胡枝子外，还有它的近亲如美丽胡枝子（*L. formosa*）、绿叶胡枝子（*L. buergeri*），均是华东山区里的常见种类。

对于普通植物爱好者来讲，胡枝子属和它的近缘属笐子梢属笐子梢（*Campylotropis macrocarpa*）的区分是十分困难的，它们都长着

图 02 截叶铁扫帚

3 小叶的羽状复叶，花朵颜色和形态也非常相似。但仔细观察，可以发现，笔子梢的龙骨瓣呈镰刀状的尖锐形，而胡枝子属的龙骨瓣比较钝。此外，笔子梢的苞片（通常早落）内仅具 1 朵花（图 03），而胡枝子的苞片内具有 2 朵花。因而，在花期时，笔子梢还是非常容易与胡枝子属植物区分的。笔子梢在华东地区的分布也十分广泛，虽然其花色淡雅，十分迷人，大有开发为观赏植物的潜力，但实际上我们要想一睹芳容，还得跑到野外才行。

3. "秋之七草" 之首

胡枝子虽然在中国分布十分广泛，但直到明朝，才为朱橚的《救荒本草》所记载。而在邻国日本，胡枝子则曾受过比樱花还高

图 03 笔子梢

的待遇。《万叶集》作为现存最早的和歌总集，收录了4500余首4世纪至8世纪中叶的长短和歌。其中出现了60余种植物，按出现次数，胡枝子以出现140余次卫冕冠军，而相比之下，如今作为日本象征的樱花，排名不过第五而已。

在日本，胡枝子被称为"萩"（はぎ）。萩字在我国的本义是艾草，但在日本则被作为胡枝子的称呼。这可能是来源于"萩"字的通假意：通"樵"，因为部分胡枝子的种类在古代可作为柴薪，用于生火。或许这一释义传到了日本，才有了"萩"在日本的新义。

秋日胡枝子，新花发旧枝。

见花仍念旧，心事不忘悲。

图04 葛花

这首录于日本最早的诗集《万叶集》中的和歌，借胡枝子再度开花，抒发了作者对旧事的怀念。《万叶集》在日本相当于《诗经》在中国的地位，如今广为流传的"秋之七草"的说法便来源于此。不过这里的"草"，只是泛指，不仅仅指禾草或芒草类植物，还包括一些灌木类。"秋之七草"即指立秋后进入花期的七种代表性植物，在日本分别为萩（胡枝子）、尾花（芒草）、葛花（葛藤）（图04）、抚子花（瞿麦）、女郎花（败酱）、藤袴（佩兰）和桔梗，这些来自古典文学世界的野花野草自带秋风气质，直到今天仍然是秋天浪漫的美学意象。

（作者：蒋凯文）

救荒野豌豆

采薇采薇，古人采的到底是什么？

《史记·伯夷列传》记载了伯夷、叔齐二人因反对周武王讨伐纣王，不食周粟，在首阳山上采薇充饥，最后活活饿死的悲壮故事。千古绝唱《采薇歌》据说就是他们所作。今人多认为豆科野豌豆属的广布种大巢菜（*Vicia sativa*）为"薇"，大巢菜遂得了"救荒野豌豆"的芳名。

1. 毫不起眼的"杂草"

顾名思义，野豌豆之所以被称为野豌豆，是因为它们是野生的，并且和豌豆（*Pisum sativum*）具有相似的特征：一回羽状复叶先端的一至数枚小叶演化为卷须，从而使它们能够攀附在其他植物体（图01），抑或是能够作为支撑物的棒状物体上。

古罗马博物学家老普林尼（Gaius Plinius Secundus）在其传世之作《自然史》中首度用 *vicia* 这一拉丁语词汇描述野豌豆，该词意为"黏合剂"，可能是说野豌豆属因为攀缘的习性使其不易与被攀缘的物体分离。

在中国，救荒野豌豆是一个不折不扣的"广布种"，《中国植物志》就指出它们"全国各地均产"。在华东地区，它们也是常见种。房前屋后，田野路边，荒地草坪，这些地方几乎都能见到它们的踪迹。也正

图 01 救荒野豌豆攀缘生长

图 02 小巢菜果实

因如此，在城市绿地中，它们被看做是杂草，常常难逃被拔除的厄运。

世界范围内野豌豆属共有约 200 种。除了救荒野豌豆，在江浙地区，还能见到三四个野生种。例如：荚果宛如袖珍大豆的硬毛果野豌豆（*Vicia hirsuta*），俗称"小巢菜"（图02），与救荒野豌豆的俗名"大巢菜"相呼应；花开时蓝紫一片的广布野豌豆（*Vicia cracca*）以及相较其他种最最"不起眼"的四籽野豌豆（*V. tetrasperma*）。除此以外，在江浙山区还能见到牯岭野豌豆（*V. kulingiana*），相较其他野豌豆，牯岭野豌豆的小叶较大，通常仅 2 ～ 3 对。

2. "杂草"的春天

逃离了城市，逃离了人类"强迫症"的审美观，救荒野豌豆便有了自己的春天。在近郊的荒地，我们可以观察到它们的整个生长周期。每年秋季末期，当人们开始穿上棉袄时，它们破土而出，随后缓慢生长。在冬季，它们停止生长，这时的它们常长成垫状，卷须极度短缩甚至退化。

春暖花开之际，万物复苏，救荒野豌豆也不再休眠，重新开始生长。仲春之际，救荒野豌豆开始开花。常常1至2朵花生于叶腋（图03），粉色或紫色的小花点缀着翠绿的草地。每朵花的花期不甚长，花谢后便开始结果。春夏之交，它们的果实开始成熟，果皮由绿色变为黑色。作为最典型的荚果（图04），果实变黑后不久就会弹开，随着果瓣的强烈扭转，种子也被传播到了远处。

图03 救荒野豌豆花

图04 救荒野豌豆果实

3. 杂草也有用途

在叙利亚、土耳其、保加利亚、匈牙利和斯洛伐克的新时器时代遗址中，考古发现的碳化残骸被证实为救荒野豌豆。这证明其作为人类食物具有极其悠久的历史。救荒野豌豆的嫩茎叶和嫩荚据称可供食用，可煮食，亦可加工粉条、粉面等副食品。但研究证实，救荒野豌豆及同属多种植物的种子中含有具神经毒性的氰基丙氨酸，人畜食用后可能会导致神经兴奋、惊厥等神经症状。因而在粮食资源充盈的今日，最好不要去采食救荒野豌豆。

除了作为食物供人食用以外，救荒野豌豆还是一种优良的牧草，具有诸如生长快、耐贫瘠之优势。此外，救荒野豌豆还可用作绿肥。

4. 采薇之"薇"，究为何物？

除了伯夷、叔齐的《采薇歌》外，另两首提及"采薇"的名篇出自《诗经》：一篇，是收录于《诗·国风·召南》的《草虫》；另一篇，便是大名鼎鼎的收录于《诗·小雅》中的《采薇》。

对于"薇"这一植物究竟是什么这个问题，古来学者分为两派。一派以三国时期东吴陆玑为首，认为"薇"是野豌豆：

薇，山菜也。茎叶皆似小豆。蔓生。其味亦如小豆。藿可作羹，亦可生食。今官园种之，以供宗庙祭祀。——三国·吴·陆玑《毛诗草木鸟兽鱼虫疏》

另一派如宋朝著名理学家朱熹，认为"薇"属蕨类：

薇，似蕨而差大，有芒而味苦。山间人食之，谓之迷蕨。胡氏曰："疑即庄子所谓迷阳者。"——宋·朱熹《诗集传》

后人多数认同前者的观点。例如，南宋诗人项安世认为"薇"即野豌豆：

薇，今之野豌豆也，蜀人谓之大巢菜。——清·段玉裁《说文解字注》引项安世语但也有少数认同后者。如日本天明年间冈元凤纂辑、橘国雄绘作的《毛诗品物图考》即认为"薇"当属蕨类，并附了图（图05）。

但除了《毛诗品物图考》，古代鲜有其他著作主张"薇"为紫萁的，直到民国时期，用"薇"称紫萁的处理才逐渐增多，如《植物学大辞典》（1916）、《中国植物图鉴》（1937）等。不过，自从1975年出版的《辞海》（生物分册）指出"薇"为紫萁之"误称"，其后几乎无中文文献用"薇"代指紫萁属植物。

图05 《毛诗品物图考》中的"薇"（蕨类植物）

那么，古籍中的"薇"到底是何种野豌豆呢？遗憾的是，目前对于其真实身份尚无明确定论——除了救荒野豌豆以外，也有一些著作主张"薇"是野豌豆属的其他物种，如大野豌豆（*V. sinogigantea*）等。因而，"薇"的真实身份还需进一步考证。

（作者：蒋凯文）

野大豆

虽然是野草般的存在，但也不影响它成为保护植物

大豆（*Glycine max*）作为最著名的油料作物之一，相信各位读者不会陌生。本文的主角就是大豆的近亲——野大豆（*G. soja*）。

1. 袖珍的大豆

图01 野大豆植株

作为大豆属中关系最密切的两个物种，野大豆的形态与大豆高度相似。两者区别仅在于：野大豆通常为缠绕草本（图01）；小叶较小；荚果较小；种子黑褐色，较小，让人颇有一种"袖珍大豆"的感觉。

一般认为，大豆和野大豆是两个不同的物种。然而事实上，这两种植物的种间杂交时有发生。在1982年日本豆科分类专家大桥广好正是基于这一点将野大豆组合成了大豆的亚种（*G. max* subsp. *soja*）。他指出，"两者在野外的杂交时有发生，这更符合遗传学角度上对物种的界定"，但这一处理并未得到

广泛的接受。

在中国东北地区，我们或许会见到一些长相"介于大豆和野大豆之间"的植物：缠绕草本，但小叶、荚果和种子的大小往往与大豆相似。那其实便是大豆和野大豆的种间杂交种—— 宽叶蔓豆（*G. gracilis*），大桥广好就将它处理成了大豆的杂交亚种。

2. 最"常见"的保护植物

在华东地区的乡间野外，野大豆毫不起眼，十分常见。它们常常生长在田边、山脚、路边，每年三四月间的早春，它们从土里萌发，然后逐渐生长，它们会缠绕在任何它们能够延伸到的支持物上。

图 02 野大豆的花朵

图 03 野大豆果荚

夏末至初秋，它们会逐渐开花（图 02）。它们的花序通常短小，从叶腋伸出，花数朵生在一个花序上。在秋季即将结束的时候，它们的果实会逐渐转褐色。当果实彻底成熟时，它们的果实会开裂成螺旋状（图 03），种子随即弹出，落入土中，等待来年的发芽生长。

也许你会讶异，这常见而不起眼的野大豆，居然会是国家二级保护植物。这是因为，野大豆作为栽培大豆的近缘种，具有许多优良性状，因而具有开发前景；并且，由于种种人为的原因，野大豆的栖息地正在逐渐缩小，因而野大豆虽然常见，却仍有诸多值得保护的价值与意义。

3. 大豆属：纠缠的分类史

作为大豆的近亲中的近亲，野大豆和大豆同属于豆科蝶形花亚科大豆属（*Glycine*）。大豆属的属名"*Glycine*"最早被植物分类学祖师爷林奈（图04）于1737年发表在他的《植物属志》第一辑上。但这一属名并非基于我们今天所熟知的大豆属植物，而是来自它们的一个

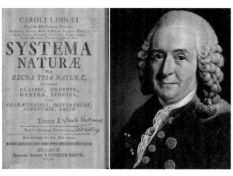

图04 林奈及其著作

远房表亲——北美土圞（luán）儿（*Apios americana*）。*Glycine*来源于希腊语 glykys，意为"甜"，可能意指北美土圞儿那具有甘甜之味的块根。1753年，林奈又在他的《植物种志》上列了8个 *Glycine* 属植物，但这8种植物最后都被转移至其他属。

栽培大豆最早于1753年被林奈分别描述为 *Phaseolus max*（基于他见过的标本）和 *Dolichos soja*（基于其他作者的描述）。这造成了后世诸多的大豆名实问题的混乱。虽然前者基于可靠的标本凭证，但林奈更倾向于认为其实际为印度绿豆（mung bean），并认为后者才是真正意义上的大豆。几年后，他获得了 *Dolichos soja* 的种子并使其成功萌发，他方才知道 *Phaseolus max* 和 *Dolichos soja* 其实是同一种植物，而印度绿豆彼时还没有学名。于是，在1767年出版的 *Mantissa Plantarum* 中，林奈首次描述了印度绿豆，并赋予了它 *Phaseolus mungo* 的学名。

直到1825年瑞士著名植物学家奥古斯丁·彼拉姆斯·德堪多的著作 *Prodromus* 发表时，*Glycine* 和 *Dolichos* 的分类问题仍未解决。用英国著名植物学家乔治·边沁的话来说，就是"没有明显正确的特征可以区分所有菜豆族植物"。这甚至导致了1885年出版的《邱园索引》

（*Index Kewensis*）中 *Glycine* 下的物种数量多达 286 种。若包括所有种下等级，这个数目甚至可以增至 323 个。随后在 1864 年和 1865 年，边沁对大豆属的分类系统进行了修订，他的系统是历史上第一个最接近现代大豆属分类系统的。

1962 年，美国农业部农业研究中心的弗雷德里克·约瑟夫·赫尔曼再度对大豆属的分类系统进行了修订，并且罗列了大豆属的排除名称。在他的系统中，野大豆的学名使用了俄罗斯植物学家理查德·卡洛维奇·马安克于 1861 年描述的 *Glycine ussuriensis*。直到 1966 年，英国豆科分类专家维德考特（Verdcourt）在《热带东非植物志》编撰的准备过程中检查了大豆属的后选模式种——长序大豆（*Glycine javanica*）的模式标本，发现那其实是一份花序发生变态的葛藤（*Pueraria montana*）的标本。于是他发表提案，提议保留大豆属的属名 *Glycine*，并将澎湖大豆（*Glycine cladestina*）选定为大豆属的模式，同时为长序大豆拟定了新名称：*Glycine wightii*。

1970 年，他在修订大豆属的同时发表提案，提议将 *Glycine soja* 这一早出的名称作为野大豆的合格名称，理由是这一名称并非基于林奈的 *Dolichos soja*。1977 年，豆科分类专家莱基基于多重证据，将长序大豆从大豆属中独立为长序大豆属（*Neonotonia*）。至此，林奈最初归类于大豆属下的所有物种都被转出大豆属，而大豆属的现代分类系统也已经成形。

现时的大豆属包含两个亚属，一个是最为人类熟知、原产于东亚而后被作为重要粮食引向全世界的大豆亚属（*Glycine* subg. *Soja*），这个亚属仅包含大豆、野大豆和前文提及的宽叶蔓豆；另一个则是大豆属的模式亚属——烟豆亚属（*Glycine* subg. *Glycine*）。相比种类稀少的大豆亚属，依据目前的研究结果，烟豆亚属足足有 27 种之多。这些物种主要分布于澳大利亚，少数种向北延伸至太平洋岛屿和亚洲大陆的一些滨海地区，比如中国东南部沿海地区有分布的烟豆（*G.*

图 05 烟豆　　　　　　　　　　　　　　　图 06 短绒野大豆

tabacina)（图 05）和短绒野大豆（*G. tomentella*）（图 06）。此外，我国台湾省还分布有扁豆荚大豆（*G. dolichocarpa*）和澎湖大豆（*G. pescadrensis*），但这两个物种的名实问题还需要进一步研究。

　　大豆属与两型豆属（*Amphicarpaea*）关系较为密切，后者的代表种两型豆（*A. edgeworthii*）在国内分布十分广泛，在华东地区的丘陵、山地、草丛中也时常能见到。两型豆具有两种类型的花——开放花和闭锁花。开放花即正常的花，而闭锁花即是不开放的花。这些闭锁花严格自花授粉。两型豆的地上花兼有开放花和闭锁花，而地下花则全为闭锁花。由地上花发育的果实为正常的荚果，由地下花发育而来的果实则为球形的地下果——这也是两型豆属属名的来源。作为两型豆属的近亲，大豆属虽然在多数情况下只有开放花，但近年来越来越多的研究报道了大豆属中的一些物种也存在闭锁花现象。

（作者：蒋凯文）

── 锦鸡儿 ──

长得像锦鸡一样华丽的花你见过吗?

作为雉科鸟类中最华丽的物种之一,中国特产的红腹锦鸡享誉中外,广为人知。其实,植物界中也有被称为"锦鸡"的类群,那就是本文要为大家介绍的乡土植物 —— 锦鸡儿。

锦鸡儿(*Caragana sinica*)隶属于豆科蝶形花亚科锦鸡儿属,它原产于我国华北、华东、华中、华南以及西南地区,常生于山坡和灌丛。每逢春季花开之时,常常一片金黄,甚为壮观。

1. 名字的由来

据《中国植物志》记载,"锦鸡儿"这一名称出自明代朱橚所撰的《救荒本草》。其卷六有云:"欛(bà)齿花,本名锦鸡儿花,又名酱瓣子。生山野间人家,园、宅间亦多栽。叶似枸杞子叶而小,每四叶攒生一处;枝梗亦似枸杞,有小刺。开黄花,状类鸡形,结小角儿,味甜。"也就是说,之所以得名"锦鸡儿",是因为它的花形像鸡。"锦"本意为"色彩鲜艳、有花纹图案的丝织品",后引申为"华丽鲜艳"。而锦鸡儿的花为黄色而常带红色(图 01),又"状类鸡形",

图 01 锦鸡儿花朵

于是便得了"锦鸡儿"这一芳名。

锦鸡儿属的拉丁学名 *Caragana* 则来源于蒙古语对同属其他物种称呼 Khargana 的拉丁化，而种加词 *sinica* 则意为"产中国的"，意指中国是本种的模式产地。

2. 多种多样的用途

从朱橚对锦鸡儿的描述中，我们就可以看出，锦鸡儿在我国古代就已经被栽培在人们的庭院之中了。这一做法一直延续至今，华东的一些农村地区，还能见到栽种于房前屋后的锦鸡儿灌丛。除了作为庭院栽培的观赏植物，锦鸡儿还常被用作盆景之材料。此外，锦鸡儿的根皮也常被用于中医药。在华东地区，人们也会采食它们的花，它们也常常因花似金雀而被称为"金雀花"。

需要注意的是，另一常被用作观赏盆栽植物的狭瓣染料木（*Genista stenopetala*）（图 02）也常被称作"金雀花"，该类群的植物富含金雀花碱（cytisine）（图 03），这一生物碱对人体有毒性，实验表明，它会导致呼吸困难甚至死亡，同时亦具有致畸性。狭瓣染料木的花可能也含有这一有毒物质，因此建议大家不要采食。

图 02 狭瓣染料木

图 03 金雀花碱分子式

3. "华而不实"的花

很多人见到过锦鸡儿的花，却鲜有人见过锦鸡儿结果。这是有原因的。据 2002 年国内的一项针对锦鸡儿属 14 个种的染色体核型研究表明，锦鸡儿为三倍体。三倍体生物由于难以进行减数分裂形成配子，因此常常不育。虽然《中国植物志》里给出了锦鸡儿的荚果的形态描述，但真正能够结果的锦鸡儿，恐怕是难得一见的。

4. 种类繁多的锦鸡儿家族

《中国植物志》载锦鸡儿属全世界共 100 余种，其中国产 62 种；*Legumes of the World* 一书认为锦鸡儿属全世界共 80 ～ 90 种；已故著名豆科专家赵一之先生在他的专著《世界锦鸡儿属植物分类及其区系地理》中认为，锦鸡儿属全世界共 63 种；*Flora of China* 则认为，锦鸡儿属全世界约 100 种，其中国产 66 种。

从以上的数据，我们可以大致看出锦鸡儿属植物形态的复杂多变性。除了锦鸡儿以外，红花锦鸡儿（*Caragana rosea*）也常被用作观赏植物；小叶锦鸡儿（*C. microphylla*）和柠条锦鸡儿（*C. korshinskii*）常被用作牧草（红花锦鸡儿和小叶锦鸡儿常被认为是锦鸡儿的亲本）；树锦鸡儿（*C. sibrica*）常被用作绿化和庭院观赏植物，等等。

图 04 铃铛刺

另外，近年国内的一项分子研究表明，原产中亚至我国西北部地区的铃铛刺（*Halimodendron halodendron*）（图 04）应当被并入本属，因而其拉丁名应变为 *Caragana halodendron*。正是这些成员构成了锦鸡儿属这一大家族。

（作者：蒋凯文）

单叶铁线莲

冬天的山野里她静悄悄地开

　　铁线莲是近年来非常流行的一类优秀的观花藤本植物，甚至有"藤本植物皇后"的美誉。全世界有着丰富多样的野生铁线莲种类，以此为基础，园艺学家通过杂交培育出上千个园艺品种，它们有着丰富的花形和花色，能让任何一个暗淡无光的花园变得流光溢彩（图01）。

图 01 铁线莲园艺品种'丹尼尔·德隆达'

1. 千姿百态的铁线莲家族

中国有超过 100 种铁线莲野生种，占世界种类的三分之一，其中不乏非常美丽的大花种类，最为知名的要数转子莲（*Clematis patens*）、铁线莲（*C. florida*）、绣球藤（*C. montana*）等，它们在我国均有野生分布，并且参与了现代铁线莲品系的杂交选育，是如今花园中众多园艺品种的重要野生亲本（图 02）。华东地区也有不少优良的大花型的野生铁线莲，比如毛叶铁线莲（*C. lanuginosa*）、短柱铁线莲（*C. cadmia*）、大花威灵仙（*C. courtoisii*）等，这些丰富的种质资源，都来自大自然的恩赐。

在历史上，铁线莲的地位远不如月季、杜鹃这类大宗花卉，在如今育种发达的欧洲地区，原生的铁线莲均是花朵较小，花色平淡的种类，因此很长时间以来并没有引起人们的重视。直到欧洲园艺学家在中国和日本找到了转子莲、毛叶铁线莲、大花威灵

图 02 野生的铁线莲物种（长瓣铁线莲）

仙等重要的野生大型种类，才使得铁线莲的育种迅速崛起，经过近两百年的长期育种，才诞生了如今多达上千个的铁线莲品种。它们拥有极为丰富的花形、花色和植株高度，开花时间也不尽相同，这为铁线莲的园林应用提供了丰富多样的选择。

2. 开在冬天里的小铃铛

在华东地区的山野里，还生长着一种极为特殊的铁线莲，它在冬天开花，花型不像一般铁线莲那样呈辐射状平展开来，而是呈可爱的铃铛型，这就是鲜为人知的单叶铁线莲（*C. henryi*）。它的特殊之处有

以下三点。

其一，是它的花期。大多数种类的铁线莲在夏秋开花，也有少数种类在春末开花，而单叶铁线莲的花期却在11月至翌年1月。那是全年最冷的冬日，单叶铁线莲不畏严寒，洁白的花朵迎雪而开（图03），正好填补了冬季野花的空档期，不但在铁线莲家族中独一无二，和其他各式野花相比也极为罕见，甚至比蜡梅开花还早。所以，它又被称为"雪里开"。

其二，是它的叶片。铁线莲家族种类众多，大部分都是羽状复叶，在浙江所产的31种铁线莲中，只有它是单叶（图04），所以在野外不难识别。它的叶片是对生的，狭卵形或近披针形，叶缘有浅齿，具3～5条基出脉。

图03 单叶铁线莲花朵

图04 叶片

其三，是它的花形。单叶铁线莲的花不算大，但在铁线莲家族中也不算小，直径 2 ～ 2.5 厘米，可算是中等个儿吧。它的"花瓣"实际上是花萼，4 个萼片微微外翻，整体花形如下垂的铃铛，大多数时候洁白如雪，也有少数个体呈淡黄色，雄蕊众多，花柱羽状。

如同大多数铁线莲属的植物一样，单叶铁线莲花谢之后也会结出一团团如毛线球般的果实。只不过，它的果实是由一个个细小的瘦果聚合而来，每一粒瘦果顶端均连着一根宿存的花柱，而这根花柱表面密被绢状毛，使整个果实看起来毛茸茸的，十分可爱（图 05）。

图 05 果实

单叶铁线莲在我国华东山区广泛分布，一般生长在海拔 400 ～ 1200 米的山坡林缘、路边灌丛或沟谷石缝中。它有着特殊的花形和开花时间，说不定能成为未来培育冬花型铁线莲的重要资源。

（作者：蒋虹）

柽柳

像柳又像柏的"怪柳"

炎炎夏日，在上海的一些街边绿化带中，通常可以看到一种枝叶清秀、花影婆娑的植物——柽（chēng）柳。

1. 像柳又像柏的"怪柳"

柽柳（*Tamaris chinensis*），又名三春柳、红荆条或红柳，为柽柳科柽柳属落叶小乔木或灌木。"柽"这个字经常会被误看成"怪"，以至于有人将"柽柳"当成"怪柳"，叫了很多年也不改口。

"柽"字并不是新近造出来的字，在我国已经有两千多年的历史了。起初，它曾经用于地名，是春秋时宋国的一个邑（yì）。同时，它也用来指代植物，《诗经·大雅·皇矣》有"启之辟之，其柽其椐（jū）"，意思是说要除掉柽、椐这两种杂乱生长的灌木。

在汉朝以后，"柽"在文献记载中的形象逐渐清晰起来，"柽"字成为柽柳的专属名字，不再用于其他场合。这时候人们逐渐意识到"柽"这种植物是一种长得既像柳树又像柏树的怪异植物。许慎在《说文解字》里说："柽，河柳也。"，而张衡在《南都赋》里也提了柽，但注者曰"柽似柏而香"。

古人的观察还是蛮仔细的，即便在今天看来，柽柳的形象也的确像柳又像柏（图 01）。说它像柳，是因为柽柳的幼枝细长而下垂，犹

图 01 柽柳开花植株

如柳枝随风轻摆；说它像柏，则因为它的叶片非常小，形似鳞片，长 1 ～ 3 毫米，跟同样鳞形叶的柏树神似（图 02 ）。

柽柳的花非常小，集中生于枝条顶端，排列成圆锥状花序，花小而密，呈淡雅的粉红色（图 03 ）。花期很长，从每年的 5 月到 9 月，不断抽生新的花序，老花谢了，新花又开放了。几个月内，三起三落，绵延不绝，所以有的地方也称它"三春柳"。

图 02 柽柳花枝

柽柳

图 03 柽柳花序特写

2. 你吃过的红柳大串就是用的它

说到红柳大串，可能大家已经不由自主地开始流口水啦！没错，在西北、华北、苏北等地的荒漠化环境中，柽柳却长得非常好，它们喜欢长在河流冲积平原、海滨、滩头、潮湿盐碱地和沙荒地上。于是，当地人充分利用起柽柳这种乡土野生资源：柽柳的嫩枝叶可以作为牛羊的饲料；木材也是非常坚硬的，虽然长不了太粗，没法盖房子或做家具，但可以制作刀柄或斧头把等日常器具；富有韧性的枝条还可以用来编织成箩筐；柽柳还是极好的薪柴，火力凶猛而耐烧。

由于树皮呈红褐色，中国西部地区称柽柳为"红柳"。所谓"红柳大串"（图04），实则是西部牧区因地制宜之作，重点是用红柳（柽柳）柴或红柳炭烧烤；至于红柳枝子串肉，只是物尽其用而已。在没有红柳柴炭的地方，用红柳串肉只是简单的模仿一下而已，已经偏离了用红柳炭烤肉的正宗做法。有些路边小馆子甚至还用染红的柳树枝串肉，更是东施效颦了。

3. 耐盐耐旱抗性超强

柽柳为温带及亚热带树种，产于我国甘肃、河北、河南、山东、湖北、安徽、江苏、浙江、福建、广东、云南等省。黄河流域及沿海盐碱地多有栽培。

图 04 红柳肉串

柽柳对环境的适应性强，喜光照充足排水良好的生长环境，具有抗干旱、抗风沙、耐盐碱、耐贫瘠、耐水湿等优良特性，在含盐量0.5%以上的盐碱地上插条能正常出苗，在含盐量0.8% ~ 1.2%的重盐碱地上能植苗造林。

柽柳对有害气体如二氧化硫等也具有较强的抗性。同时，柽柳为深根性树种，根系发达，萌芽力强，极耐修剪和刈割。柽柳以其良好的适应性、优美的形态，在滨海盐碱地区绿化中应用越来越广泛，成为丰富滨海盐碱地区绿化资源的不可替代的树种。

（作者：莫海波）

石蒜

中国的蟑螂花，日本的彼岸花

图01 生长在石缝中的石蒜

每年夏末秋初的辰山植物园，花坛中会看到一些直接从土里冒出的火红色花朵，没有一片叶子陪衬，只有一团团妖艳的花朵舞动在花葶之上，十分诡异。大概是因为这样特殊的形态，再加上它们通常会生长在石缝之中，地下有一个蒜头状的种球（图01），因此该物种被称作"石蒜"。

1. 叶未动，花先行

石蒜（*Lycoris radiata*），是一种多年生球根花卉，原产于我国长江流域等地，目前不仅在江南及西南各省均有野生，而且已广泛分布到了日本、越南等国家。石蒜是石蒜科石蒜属的植物，该属约有 20 种之多，主要分布在我国，集中分布于长江流域及以南地区，华东地区可以说是分布中心。

石蒜喜湿润环境，却性格随和不挑，也能耐干旱。在偏酸性的土壤，特别是疏松、肥沃的腐殖质土中生长得最好。作为一种球根花卉，石蒜有着广椭圆形的鳞茎，比较特别的是，其鳞茎外面还包裹着一层紫红色的薄膜，因此比较好辨认。

图 02 盛开的石蒜

球根花卉都有休眠的习性，石蒜也不例外。不过，它的休眠期是在夏季。每当盛夏高温草木繁茂之际，石蒜的鳞茎却特立独行地在泥土底下睡大觉，一直要到秋高气爽之时，石蒜的花蕾才悄悄钻出鳞茎，昂首挺胸地从四周的草丛中蹿将出来，妖娆地绽放出一簇簇艳艳的花朵（图02）。

它静静地伫立在林间的草丛中，圆润而光滑的绿茎上，绽放着一簇猩红的花朵，那窄窄的花瓣带着皱波向后翻卷着，簇拥成

图 03 石蒜花朵特写

了一只镂空般的红灯笼（图03），一丝丝晶莹细长的花蕊从花瓣的中心迸射出来，宛若尽情盛放的烟花。

2. 在中国，它是毒蒜，是蟑螂花

比起牡丹、芍药、桂花、玉兰这些明星花卉，在花卉种类的多样性方面，石蒜真是个边缘角色。虽然石蒜出现在花园里已经有 1500 年

的历史，早在南北朝时期，石蒜就被引入花圃。不过那个时候，石蒜并不叫石蒜，而叫金灯草或金灯花。

宋代张翊的《花经》，把石蒜列为七品三命，与蔷薇和木瓜是对等的。到了明代，石蒜同样被列为下品花卉，"置之篱落池头，可填花林疏缺者也"。总的来说，石蒜就是一个填补空隙的花卉。

为什么如此美丽的一种原生花卉这么不受人待见呢？这大概要从石蒜的生长习性说起。

大多数球根花卉，如水仙、百合、郁金香、风信子等，都是先长叶子后开花，石蒜却反其道而行之：每年秋风一起，"叶未动，花先行"，花骨朵儿急急地从鳞茎中钻了出来，而叶片还在鳞茎里"睡觉"，要等到花儿败谢、寒风渐起时，石蒜的叶子才开始慢悠悠地萌发。因此，石蒜是一种典型的先花后叶植物（图04）。

另外，野生的石蒜经常生长在阴暗潮湿的地方，比如深山老林或是坟头上……而它的花又过于妖艳，鲜红如血。如此强烈的对比，

图04 石蒜叶片

给人一种说不清的晦气邪恶之感。

正是这样的生长习性，让外形娇美的石蒜在民间遭受了许多误解，被视为邪恶的象征。虽然无论是外形还是习性，石蒜都与令人讨厌的蟑螂毫无关系，然而在江南许多地方，人们习惯把石蒜称作"蟑螂花"。这个颇令人厌恶的称谓足以反映出人们对这种植物有多不待见。

在一些乡村，甚至还流传着这样的说法：石蒜喜好在破败的坟堆上生长，因此是从死人身上长出来的不祥之灵，是很不吉利的。于是，"老鸦蒜""死人花""幽灵花""地狱花"等充满着邪恶气息的别称，一股脑儿地被加到了石蒜头上，一个比一个刻毒，一个比一个离谱。

背负了"邪恶"骂名的石蒜，自然是令人避之不及的。农村的老人们都会告诫家中小孩，千万不要去碰这种"不吉利"的花草，以免惹祸上身。不过，从科学角度来看，石蒜也确实是一种有毒植物，它的植株含有一种名为"石蒜碱"的毒素，能使人中毒甚至丧命。如果有人误食了它的花朵和鳞茎，可能会出现语言障碍，甚至因呼吸麻痹而死亡。因此，它的鳞茎常被用来制作农药，其毒性之烈可见一斑。

3. 在日本，它是曼珠沙华，是彼岸花

作为一种相当奇特的植物，石蒜在我国民间被视为不祥之物；而在佛教著名的经文《法华经》中，它被视为是天上的花草，并且代表着一种只可意会不可言传的玄妙境界——彼岸。

《法华经》有云："尔时世尊，四众围绕，供养恭敬尊重赞叹。为诸菩萨说大乘经，名无量义，教菩萨法，佛所护念。佛说此经已，结跏趺坐，入于无量义处三昧，身心不动。是时天雨曼陀罗华、摩诃曼陀罗华、曼珠沙华、摩诃曼殊沙华。"这四种天花之一的"曼珠沙

华"，《法华经》中有解释："云何曼珠沙华？赤团华。"赤团华，不就是一团红色的花吗？因此便被后人自动对应为红花石蒜了。

在日本文化中，很早便有"彼岸"（ひがん）一词，可能是源自佛教的说法。此生为此岸，往生后即为彼岸。日文中，将春分、秋分的前后一周分别称为"春彼岸"与"秋彼岸"。有点类似国内清明节的意思。红花石蒜的花期，不偏不倚正逢"秋彼岸"，日本人索性就给了它这个名字。当然，它的外形，习性以及阴郁颓废的气质无一不是"彼岸花"之名的最佳诠释。

其实，石蒜本来并不是一种颓废的花朵。彼岸花也好，曼珠沙华也好，都是人们借石蒜表达自己的情感而已。石蒜就是石蒜，它以自己独特的习性和姿态，尽情演绎着妖娆与美丽。

（作者：莫海波）

绶草

最常见的野生兰花

大多野生兰花都是一类比较脆弱和娇贵的植物，平日难得一见，而且很多种类都是国家重点保护植物。生活在城市中的我们平常见到的兰花大部分都是人工培育的园艺品种，它们大多被精心地呵护在植物园或花市里。然而你知道吗，兰花也并非个个娇贵难养。在华东地区的城市草坪中就有一种非常野性的兰花，那就是绶草。

1. 中国大陆最常见的野生兰，没有之一！

据《中国植物志》记载，绶草属约有 50 个野生种，大多原产在北美地区，少数分布在亚洲、非洲、大洋洲及南美洲。*Flora of China* 记载我国有 3 个种，除绶草（*Spiranthes sinensis*）外，还有香港绶草（*S. hongkongensis*）和宋氏绶草（*S. sunii*），其中最为常见的就是绶草这个种。绶草属大多数种类都开白色花，绶草是其中为数不多的能开粉红色花的种类（图 01）。

作为被子植物第二大家族（第一大

图 01 绶草开花

家族是菊科）——兰科中的一员，绶草虽然外观看起来十分娇小，一副弱不禁风的样子，但是可别小瞧它，因为它可能是全国范围内最为"泛滥"的一种野生兰花！绶草的自然分布范围相当辽阔，北至西伯利亚，南至澳大利亚，西至中东的阿富汗境内，向东一直至日本均有分布记载。在我国境内，也是几乎全国各省区市均有。喜生于山坡或灌丛林下、草地、河滩或沼泽等比较湿润又向阳之地。

早在两千多年前，我国古人就已知晓了这种可爱的野花，还把它写入了《诗经》当中。《国风·陈风·防有鹊巢》之中，有"中唐有甓，邛有旨鹝。谁侜予美？心焉惕惕"这样的句子。大意是说：中堂上有砖瓦，土堆里有鹝草。谁欺骗我心爱的人，心中惴惴不安。这里的"鹝"，辞书之祖《尔雅》以及《尔雅注疏》均认为是鹝草即绶草，而它很可能是最早被我国古人记载的兰科植物了！

绶草天生就皮实强健，自播繁殖力强，有着杂草般惊人的生命力，在人工干预严重的城市草地中也有它的美丽身影。每年清明后，绶草那灵秀而艳丽的小花便开始点缀于草地上，增加了草坪的灵气及野趣。在我国华南地区，绶草常与美冠兰（*Eulophia graminea*）、线柱兰（*Zeuxine strateumatica*）出现在草地之中，故而被当地植物爱好者并称为"华南草地三宝"。可以说，绶草是我国境内最接地气、最常见的野生兰花。

2. 一根螺旋状的柱子，记住这点就够了！

如果你从没有见过绶草的实物，那么你看一眼照片也能牢牢记住它的样子。绶草的外貌特征，用一句话就可以抓住根本——一根螺旋状的柱子！那精致而小巧的粉色小花螺旋状排列于花葶之上（图02），任谁见了都不得不惊叹造物主的精湛技艺。唯一的缺憾是花太小了，小到凑近它也很难看清楚花的结构。

由于绶草花序的这一显著特点，绶草的拉丁文学名以及中文俗名，均和它的外观有着紧密的联系。属名 *Spiranthes* 意为"螺旋状的花",而种加词 *sinensis* 表示"中国",因为本种的模式标本采自我国的广东。作为一种小型地生兰,绶草高 30 ～ 40 厘米,每年初夏来临之际,它便开出粉红色的小花,在茎上呈螺旋状扭曲排列,就像是披挂了绶带一样。《尔雅注疏》中也有记载:"鷊者,杂色如绶文之草也,故曰绶草。"另外,它的地下根常肉质、粗厚,在我国民间常以其根和全

图 02 绶草花序特写

草作为传统草药(药效什么的暂且不表),再加上花朵的排列如同一条龙盘在柱子上,故而中药界常称呼其为"盘龙参"。

绶草有着清新脱俗的外观,在日本已有兰花爱好者专门引种栽培用于观赏,但国内多用于药用,专门植于盆中观赏的人似乎不多。它的花虽然谈不上艳丽芬芳,但别致的花朵排列方式,却也充满趣味,惹人喜爱。尤其是那成片在草地上怒放的样子(图 03),一点不比家花逊色。

图 03 成片开放的绶草

3. 绶草花序集两种手性于一身

比较有趣的是，绶草花朵的旋转排列方式与攀缘植物茎的旋转方向有着异曲同工之妙！在一片绶草中，常能见到不同的旋转方式，因为图中两根绶草花序分别呈现出了不同的旋转方式。一个是左旋，另一个是右旋。至于哪个是左旋哪个是右旋，这是一个比较深奥的问题，左右本身是相对而言的，因此我们需要一个清晰标准的定义。

所谓"右旋"，用语言描述是：伸出右手，大拇指竖起，四指握拳。让大拇指顺着轴向，那么四指从掌根到指尖的旋转方向即为右旋。反之即"左旋"，即用左手做这套动作时四指的旋转方向。

左右旋的现象有一个科学术语，即"手性"。手性（chirality）一词源于希腊词"Cheir"（手），指左手与右手的差异特征。手性及手性物质只有两类：左手性和右手性。自然界中手性现象随处可见，除了我们人类的左右手外，还有气旋或星系的旋转方向，化学分子的手性结构，藤蔓植物茎的缠绕方向，等等。我们刚刚讲的，实际上是螺旋的手性。

具有手性现象的植物多为缠绕型藤本植物，它们既依靠茎的缠绕来攀爬在别的物体上，借助这种螺旋式前进向上生长。达尔文、华莱士等大博物学家、生物学家都十分重视植物的手性，但研究并不深入。达尔文还专门写过《攀缘植物的运动和习性》，书中列出 42 种攀缘植物，其中只有 11 种具有左手性。实际上，绝大多数藤本植物都是右手性的，如牵牛、扁豆、菟丝子、北马兜铃、猕猴桃、紫藤、杠柳等。只有少数植物是左手性的，如啤酒花、葎草、金银花、何首乌等。

看到这，您可能会问：为什么植物中"左撇子"比较少呢？但非常遗憾，目前还没有令人信服的统一答案。从目前的文献来看，这可能与植物的起源（南北半球）、光学活性（optical activity）、基因控制等有关。

4. 螺旋状排列的花有什么特殊意义？

另外还有一个有意思的现象：如果你够仔细，如果你附近的绥草居群足够多，你可能会发现不同个体间螺旋的松紧程度有所差异。针对这一现象，2012 年有日本学者对绥草花序结构做了一个研究。他发现，越松散的螺旋小花间排列越紧密，对传粉昆虫越有吸引力。而随着螺旋程度的提高，相邻单朵小花间的空间距离增大，对传粉昆虫的吸引力会减弱，因而造成单朵小花授粉率、座果率的下降。但同时，螺旋程度的提高会降低同一花序上的小花间的相互授粉（自交），对异花授粉更有利。

我们都知道，自交后代遗传变异的程度小，不利于后代适应多变的环境。因此，提高异交率是绝大多数生物所追求的共同目标。然而，如果一味追求更高的异交率也有相当高的风险，如果出现什么不测，比如缺少相应昆虫来协助，异交失败，那么会导致没有后代产生。俗话说"有总比没有好"，因此绥草需要在两者之间找到一个平衡，既能让足够多的后代产生，又能保证一定的后代变异率。也就是说，为了防止过度自交，需要增大螺旋角度，但又不能走极端，因此，选择一个中间值是最好不过的事。

需要注意的是，松散的螺旋还有一个好处：在传粉昆虫比较缺乏的时候，松散螺旋花序对昆虫吸引力较高，可以起到招揽昆虫的作用，为整个绥草居群提供"招蜂引蝶"的作用。这也就解释了为什么两种极端情况的花序类型（旋转角 0 度和 90 度）比较少，而中间类型的花序类型比较多，而且这也符合数学上的正态分布定律。

图 04 不同旋转方向的绥草花序

关于绥草为何同时具有左右旋花序，这么做对于传粉的意义何在，目前研究得很少。笔者没有找到相应文献，通过请教兰科传粉学专家，推测是与传粉昆虫的组成有关。有些昆虫（如熊蜂）倾向于选择左旋花序，有些昆虫则倾向于选择右旋花序，因此在绥草居群中，左右旋同时出现可能更有利于绥草利用昆虫进行异花授粉（图 04）。

（作者：莫海波）

云实

自带威严的藤蔓

图 01 云实的开花植株

　　每年的 4 月，华东地区的山野中便会有一种叫作云实的蔓状灌木开出一串串直立的鲜黄色花序（图 01），远望金灿灿一片，蔚为壮观。将其种植在廊架上，也可以为城市园林带来一抹靓丽的色彩。

1. 满目金黄惹人爱

云实（*Caesalpinia decapetala*）别名药王子、牛王刺，为豆科云实属落叶攀缘灌木。它广泛分布于亚洲热带和温带地区，在我国黄河流域以南山区和丘陵地带是十分常见的乡土植物。云实小枝密生倒钩刺。二回羽状复叶，长 20～30cm，羽片 3～10 对，对生。总状花序顶生，总花梗多刺，花黄色，花瓣 5 枚，左右对称，雄蕊 10 枚。荚果成熟后近木质，种子长圆形，褐色。

图 02 云实单朵花的特写

仔细观看的话，我们将发现，云实的每一朵小花都是十分精致的（图02）。5 枚长圆形的花萼覆盖在花瓣后方，5 枚金黄色的圆形花瓣开展，但并不是均匀排列的。最上面的1 枚花瓣比其他 4 枚略小，并且还有细细的朱红色花纹，就像娇羞的古代女子在眉心正中点了一个红点。10 枚雄蕊离生，与花瓣近等长，下半部密生细细的绒毛。花丝上点点麦粒样的红色花药，簇拥着嫩黄的且泛着嫩绿的花柱，显得娇羞迷人。

2. 可远观不可亵玩

云实花虽然美丽，但它生性狂野，枝条经常呈蔓性伸展，具有一定攀缘能力。一株云实经过多年的生长，往往可覆盖附近一大片空地。它的枝条和叶轴上，具有许多不容易看到的钩状刺（图03）。如果你想和它来个亲密接触，恐怕稍有不慎，便会被它的倒钩刺挂住衣物或皮肉。弄不好，你会被它整得伤痕累累，苦不堪言。

正是由于云实的这个天性，用它做防护性绿篱效果不错。尤其是用在假山石、边坡或围墙绿化上，不仅可消除冰冷生硬的犄角旮旯，而且还具有很好的防护作用。云实开花时极为壮观，如果人工刮去主

图 03 云实枝刺特写

干的钩刺，整枝成伞状，孤植于大草坪中，那么，叶绿花黄，叶形美观，也会形成十分良好的观赏效果。

除用作观赏外，云实在我国古代也是比较传统的药用植物。其根、茎及果皆可入药，具有发表散寒、清热除湿、活血通经、行气止痛、解毒杀虫之效（这些属于传统药学观点，切勿擅自使用）。另外，云实的种子含油率达 35%，可制肥皂及润滑油。

3. 云实家族里有趣的小伙伴

《中国植物志》中记载的云实属（*Caesalpinia*）是一个泛热带分布的属，全属大约有 100 个种。不过根据最新的系统分类学研究，原来的广义云实属现已被拆分成若干个小属，包括云实属（*Biancaea*）、小凤花属（*Caesalpinia*）、鹰叶刺属（*Guilandina*）、见血飞属（*Mezoneuron*）、南天藤属（*Ticanto*）等。如今狭义的云实属只有 7 个种，主要包括云实、小叶云实和苏木。因此，云实的学名现在应更新为 *Biancaea decapetala*。

广义云实属在我国有 19 个野生种；另外还有 2 个外来引入种，其中之一便是在南方热带常见栽培的金凤花（*Caesalpinia pulcherrima*）

图 04 金凤花

（图 04）。该花原产于中南美洲，花朵金红双色，雄蕊极长，犹如翩翩起舞的蝴蝶。

另外值得一提的是，广义云实属中一些种类具有表面光滑、质地坚硬、色泽独特的种子，打磨后可以制成手串，成为众多菩提子中的一员。比如太阳子和月亮子，分别来自大鹰叶刺（*Guilandina major*）和鹰叶刺（*G. bonduc*），后者又名刺果苏木（图 05）。

（作者：莫海波）

图 05 刺果苏木

— 化香树 —

平凡的化香树，不凡的生存智慧

冬季漫步在上海辰山植物园里，虽然少了花草的喧闹，但却是捡拾落果的好时机。喜欢收集自然物的人一定会被掉落的橡实、松果等形形色色的果子吸引，而捡拾和收集它们则成为这个季节最大的乐趣。如果你够细心，就能收集到南酸枣、枫杨、七叶树、麻栎、江南油杉、复叶槭等不少有趣的果实，而经冬不凋、高挂枝头的化香树果子常常是最容易看到的那一种。

1. 长得像松球般的果序

化香树为胡桃科的落叶小乔木，高 2 ~ 6 米，跟山核桃、枫杨等是同科亲戚，它们均有着羽状的复叶（图 01），但结出的果实则完全不同。化香树的属名 *Platycarya* 一词，来自希腊语中的 platys（宽阔

图 01 化香树枝叶

图 02 化香树果实

的）和 karya（坚果），这正是对化香树果实的直观描述。化香树的果实攒成一个圆柱形的果序，外观形似松果（图 02），顽强地伫立在枝头，任凭寒风吹拂也长久不落。这些果子可以一直保留到下一个生长季。

化香树的顽强其实是与生俱来的，它的家族曾经历过一次大灭绝。化石记录表明，在古新世至始新世时期，化香树属植物曾广布于北半球所有大陆；但第四纪冰期后，大多数分布地绝迹，仅幸存于东亚，成为东亚特有植物。化香树在我国及邻近的韩国、朝鲜和日本均有分布，常生长在海拔600～1300米、有时达2200米的向阳山坡及杂木林中。

2. 复杂的生殖系统

别看化香树的外表平平无奇，但它却有着植物界极为特殊的花序式样。每年5月份，化香树的新枝上就会迸发出一个个宛如火炬的花序群（图03）。如果你仔细观察每个花序群的话，又会有新的惊喜哦！原来，两性花序和雄花序在小枝顶端排成伞房状花序束；两性花序通常1条，位于花序群的中心位置，由位于下部的雌花序和位于上部的雄花序组成，有时无雄花序而仅有雌花序；雄花序（柔荑花序）通常3～8条，位于两性花序下方的四周。

研究发现，化香树的花序和大多数胡桃科植物一样都是雌雄异型异熟（heterodichogamous）。简单地说，就是化香树存在两种类型的植株，虽然每个植株上都有雄蕊和雌蕊（雌雄同株），但它们是不同

图 03 化香树的花序   图 04 美国山核桃

时成熟的；一种是植株上的花序雌蕊先成熟（雌先型：protogynous，PG），而另一种则是雄蕊先成熟（雄先型：protandrous，PA）。

异型异熟，就是为了有效避免同一植株上的雌雄结合（自交），提高不同植株间的雌雄结合率（异交）。如果你对核桃、山核桃、美国山核桃（碧根果）的种植有一定的了解，便知道在一定区域内，这两种植株类型的比例直接影响到它们的果实产量。

化香树这样独特的花序结构，在植物演化史上本应占据重要的位置，然而由于它并没有像核桃、山核桃、美国山核桃（图 04）那样的经济价值，长期以来只是作为一种普通的本土植物，默默生长在山野之中，针对它的相关研究也并不多见。不过，化香树生性强健，不择土壤，是非常好的荒坡绿化树种，目前在园林绿化中也能偶见应用。

（作者：莫海波）

络石

不是茉莉，胜似茉莉

每年的 4 月下旬至 5 月上旬，在华东地区的山林之中都可以看到一种藤蔓植物开出一串串的小白花，仔细欣赏小花的形状，可以发现花朵姿态特别像旋转的小风车，十分可爱。如果再仔细轻嗅一下，这小花还有清新如茉莉花般的香气，让人沉醉。这种藤蔓植物便是络石。

1. 不是茉莉，胜似茉莉

图 01 络石的植株

络石（*Trachelospermum jasminoides*），为夹竹桃科常绿攀缘木质藤本。它的花朵呈聚伞花序排列于枝顶（图 01），花色洁白，花冠 5 瓣裂，基部联合成长筒状。5 个花瓣排成右旋的风车形（图 02），十分奇特，饶有趣味。由于这种旋转的方式与古写的"卐"字十分相似，再加上花有清香，洁白如茉莉花，故又得名"万字茉莉"。不过，虽然络石的花有点

图 02 络石的花朵特写

像茉莉，但它和木樨科的茉莉花在生物学特性上是截然不同的。

　　络石的适应性强，在我国分布极广，江苏、浙江、江西、湖北、四川、陕西、山东、河北、福建、广东、台湾等地均有分布。它对土壤不苛求，对肥料不计较，对寒暑不挑剔。在我国长江以南最为繁盛，人们说它"不是茉莉，胜似茉莉"。

2. 极具观赏价值的小清新

　　络石藤蔓枝叶疏朗清新，潇洒自然。每年四五月间繁花锦簇，盛开之时，几乎缀满白花。其后还会有少量开花，直到霜降，前后花期长达半年之久。若在家门前或院墙上种植一株，轻风袭来，香味宜人。

　　藤蔓状生长的络石具有极好的观赏价值。早春，络石新叶成对舒展，新枝萌芽茁壮；初夏，花梗长约寸许，托举着篦簪似的蓓蕾（图03），缀满枝头。一经绽开，那旋转着的五裂花瓣，呈卐字形，状如儿童玩具纸风车，饶有风趣；花后，两枚呈钝角着生、羊角般的蓇葖果便格外显眼；入秋，老叶殷红，经霜益艳，装点着萧索的秋色；寒冬，绿叶不凋，而此刻的果实便从一侧开裂，释放出一枚枚像降落伞似的种子（图04），借助风力作用散布开来。

图 03 络石景观

图 04 络石果实

3. 家庭种植络石的技巧

（1）家庭莳养络石时，可随时移栽至室内盆栽或室外花坛中作垂吊观赏植物。不过，移栽时需多带须根，尽量不隔夜栽植，否则枝、叶、根内的水分极易风干，导致其失水死亡。

（2）基质只要不选用黏性特强的黏土，一般的土壤均适合络石的生长。络石耐荫、耐寒，因而可在室内长期观赏。基质保持50% ~ 70% 的湿度，同时经常给叶面喷水。

（3）如果你经常给叶面喷水，你会发觉叶面比平时更亮、更绿、斑纹更鲜艳，更讨人喜欢。络石耐瘠薄，基质中可少施肥或不施肥，任其自由生长。

（4）络石室内莳养时，无病虫害发生。因络石具有气生根，给以湿润土壤就极易通过压条、扦插繁殖得到后代。

除了绿叶络石外，园林中还常见有花叶络石（*T. jasminoides* 'Variegatum'）（图 05）以及亚洲络石的两个园艺品种：黄金络石（*T. asiaticum* 'Ougon-nishiki'）和三色络石（*T. asiaticum* 'Tricolor'）等。

图 05 花叶络石

（作者：寿海洋）

海州常山

叶大而臭，但花果俱美的小清新

图 01 海州常山花序

    烈日炎炎的夏日，能让人大饱眼福的花真的不多，除了湖里的荷花、睡莲外，恐怕就只有紫薇了。今天我们来认识一种不太起眼的开白色小花（图 01）的乡土植物——海州常山，它在华东地区的城市和乡村均十分常见。或许你早就见过，只是不知道名字罢了。

1. 海州常山这个奇怪植物名的由来

海州常山，又名臭梧桐，马鞭草科（APG 系统中为唇形科）大青属（又名赪桐属）落叶灌木或小乔木，高可达 6 米。因叶大、有特殊臭气（图 02），故名臭梧桐，此外尚有泡花桐（四川）、八角梧桐、后庭花（江苏、福建）等别名。

《中华本草》云："本品味恶，花又略似梧桐，而植株较梧桐低小，故名臭梧桐、地梧桐、矮桐子。产海州，曾作常山入药，故称海州常山。"从上面的信息不难得出：这种植物出自"海州"，并且作为"常山"的代用品入药。

关于海州，《辞海》载，"州名，东魏武定七年（公元549年）改青、冀二州置。……唐代辖境相当今江苏连云港市、东海、沭阳、赣榆、灌云、灌南等县及新沂市、滨海部分地区。……1912 年废，改本州为东海县"。现今，尚有海州区（江苏省连云港市辖）、海州湾和贯穿中

图 02 海州常山植株

国东、中、西部即华东、华中、西北最主要及最重要的铁路干线——陇海铁路，从甘肃兰州（甘肃简称"陇"）通往江苏连云港。

下面再来了解一下"常山"。除了曾经作为北岳恒山的别名以及如今仍在使用的浙江省衢州市常山县等地名外，植物里面带"常山"两字的植物还真不少，而且跨界比较大，如绣球科常山属的常山（*Dichroa febrifuga*）、芸香科臭常山属的臭常山（*Orixa japonica*）和夹竹桃科鸡骨常山属的鸡骨常山（*Alstonia yunnanensis*），更不要说地方名、俗名叫做"常山"的植物了。清代吴其濬在《植物名实图考》"常山"条目中便有如下感慨："今俚医所用，乃有数种，俱以治疟。"其所附的手绘图，却颇似唇形科牡荆属的植物。

综上所述，古时"常山"两字，大致可以理解为民间用于治疗疟疾的草药的一个统称。好在全世界采用了林奈的双名法，《中国植物志》明确药用植物常山的学名为 *Dichroa febrifuga*（图 03），文献记载其主要化学成分为常山碱，在抵抗恶性疟原虫方面表现出很强的生物活性。

图 03 常山

2. 花果俱美的乡土植物

海州常山所在的大青属（*Clerodendrum*），是一个高颜值成员辈出的大"家庭"，该"家庭"中已经被驯化栽培作园林观赏的就有：原产我国的重瓣臭茉莉（*C. chinense*）、垂茉莉（*C. wallichii*）、圆锥大青（*C. paniculatum*）、臭牡丹（*C. bungei*）等，另从国外引进栽培的龙吐珠（*C. thomsoniae*）、红萼龙吐珠（*C. speciosum*）、烟火树（*C. quadriloculare*）（图04）、艳赪桐（*C. splend-ens*）等。

图04 烟火树

作为该属的一员，海州常山在颜值上丝毫不输给其他兄弟姐妹，它的花果美丽，开花时白色花冠下衬以紫红色花萼，不仅好看，而且奇特，雄蕊远远伸出花冠筒外似须状，很像龙吐珠；当果实成熟时，增大的紫红色宿存花萼托着蓝紫色有光泽的亮果，极为美丽醒目（图05）。

图05 成熟果实

难能可贵的是，海州常山的花、果不但美观，而且持久，花期为6—10月份，果期为8—11月份，其观赏期可达半年之久，是难得的夏季观花树种之一。其花冠、花托、果实呈现白色、紫色、蓝紫色，整个植株色彩丰富，实为城市绿化美化的优良树种。

3. 全身是宝

《中华本草》记载，海州常山的根、茎、叶、花、果均可入药。我国对海州常山的利用有着悠久的历史，20 世纪中期便开展了对其药理的研究，但不够系统和深入。相对而言，国外的研究开始得较晚，但研究更为深入，尤其在海州常山的抗炎、抗氧化作用机制方面。

海州常山还可作为传统的生物农药使用，文献记载其枝叶制剂可杀红蜘蛛、棉蚜虫和地下害虫；其提取液作用于凤眼莲叶片，可造成凤眼莲叶片干枯腐烂甚至衰亡，因此能用于生物防治凤眼莲。

海州常山对土壤、水分及光照的适应性较强，耐荫，也耐干旱和瘠薄；植株萌蘖力极强，能在较短时期内形成良好植被，加上根系发达，对水土保持具有良好的作用。该物种对 SO_2 抗性强、吸收量大，对重金属砷的耐受性和富集能力都较强，因而是绿化荒山，工矿废弃地、破坏山体和城市建筑废弃物堆置地等恢复与重建植被的理想树种。

4. 海州常山的"能好怎"

勤劳善良的中国人民不会轻易放弃开发任何一个物种吃的方面的努力。这不，"皮实"的海州常山，在我国部分地区是当地人民喜食的一种木本野菜，被唤作"斑鸠菜"。其风味独特，口感鲜香，回味微甜，作为野生绿色蔬菜，深受广大消费者的喜爱。

我国的云南、四川、山东、湖北等地都有把海州常山嫩叶当蔬菜食用的习惯。每年春季，当地群众采摘其鲜嫩尖叶，用清水洗净后，放入开水中焯一下，捞起置于一旁。当锅中肉汤煮沸，再加入焯好的斑鸠菜，待重新煮沸，加少许盐便可食用。食时再配上一碟蘸水，其味呈清香、略苦、涩。斑鸠菜也可以先煮熟后再做凉菜吃或炒吃。

（作者：寿海洋）

─ 黄连木 ─

著名观叶植物黄连木竟还有个世界闻名的"亲戚"

　　说起黄连，大家的第一印象就是苦不可言吧！中国有句俗语："哑巴吃黄连，有苦说不出。"说明这种植物的滋味让人苦不堪言。大家都知道，真正的黄连是一类草本植物。但是，事有凑巧，自然界还有一种木本植物的"黄连"，它就是今天要介绍的黄连木（ *Pistacia chinensis* ）。

1. 真正的黄连

　　我们先来认识一下真正的黄连（ *Coptis chinensis* ）（图 01）。黄连始栽于《神农本草经》，被列为上品。其根状茎为著名中药"黄连"，

图 01 黄连

含小檗碱、黄连碱、甲基黄连碱、掌叶防己碱等多种生物碱。《本草纲目》中记载："其根连珠而色黄，故名。"

也许因为长期作为药材使用，抑或加上生境的破坏和气候的变化，如今，我国分布的6种黄连属植物中，除了五叶黄连（*C. quinquefolia*）外，其余均被《中国生物多样性红色名录 —— 高等植物卷》列为极危（CR）、濒危（EN）或易危（VU）。

2. 著名的观叶植物

那么，大家是否要问，好端端一种木本植物，为什么叫黄连木呢？

这个问题也困扰了我很久。为了验证一下，我还特意折了一段掉落在地上的黄连木树枝，用舌尖轻轻地舔了一下树皮的内侧。还真别说，特别苦，并且苦味能持续好一会儿。只是没有尝试过黄连，不然就可以比较一下谁更苦了。

诚然，黄连木是非常优秀的秋季观叶树种（图02），其样貌会随着四季的变化而呈现出多样的改变：早春时节，黄连木的嫩叶和雄花序初成面貌，为紫红色（图03）；入秋后，叶片如枫叶般转为深红色。

而黄连木的果实初生时为黄白色，随着季节变迁会变成红色或蓝紫色，而果实成熟时为铜绿色或蓝绿色（图04）。

3. 与世界著名坚果是亲戚

黄连木还有一个令大家听了手舞足蹈的用途：作为阿月浑子的砧木。阿月浑子起源于中亚细亚，是世界珍贵的干果和木本油料树种，具有很高的营养价值和经济价值，被列为世界四大坚果树种之一。"阿月浑子"四个字是由波斯本字"agōz"音译而来的汉名。但是，它的另一个名字在中国则更为家喻户晓 —— 开心果（图05）。

图 02 黄连木秋叶

图 03 黄连木的花序（雌花序）

图 05 开心果

图 04 黄连木果序

这是什么神操作，竟然能把黄连木与开心果嫁接在一起？不过话说回来，为什么不可以呢？作为世界四大坚果之一的开心果，可是隶属于黄连木属 *Pistacia* 的哦！通俗点说，它们俩有"血缘关系"。

4. "石油植物"

除了观赏和作为砧木以外，黄连木还是一种极具开发前景的木本油料树种，具有"石油植物"的美称。在出油率、转化率、生物柴油品质、地域分布、适应性、经济收益期等方面有着其他树种不可替代的综合优势，被认为是我国大面积规模发展所首选的木本生物质能源树种。

其种子含油率在30%～45%，种仁含油率最高可达56.5%，制取的生物柴油产生的气体排量少，废弃物降解率高达98%以上，曾被国家能源局和国家林业局列为中国七大木本油料树种之一。

黄连木结果寿命可达数百年，收益期也可达数百年。因此可以说，建设成的"绿色油田""生态油田"可在数百年内持续见效，取之不竭。

（作者：寿海洋）

玉蝉花

惊艳了时光的鸢尾

　　每年的 5 月中下旬至 6 月中上旬这段时间，是欣赏花菖蒲的最佳时机（图 01）。花菖蒲属于湿生类鸢尾，由于大多数品种选育于日本，国际上又将其称为日本鸢尾（Japanese Irises）。因其花型奇特、花姿轻盈、花色丰富，花菖蒲近年来开始应用于园林水景中，并深受世界各地人民的喜爱。

图 01 花菖蒲盛开

1. 花菖蒲与菖蒲是什么关系？

图02 菖蒲

提起花菖蒲，可能很多人会想起端午节悬挂在门梁上的传统香草——菖蒲（图02）。那么，花菖蒲跟菖蒲有什么关系呢？其实关系还有点远：花菖蒲是鸢尾科植物，菖蒲是天南星科植物。不过两者生长习性颇为相似：都喜欢水湿环境，在我国和日本的河流、湖泊等湿地周边均较常见。虽然说亲缘关系较远，但两者的叶形均为直立的长剑形，外观十分相似。如果不是恰巧在花期的话，想一眼从外形上将两者分开还是不那么容易的。

但菖蒲既然能被古人视为香草，当然能散发出清幽的草木香气。你只需要凑近闻一闻，不用看花，就能判断它是菖蒲还是花菖蒲了。

我国古代有端午节悬挂菖蒲以辟邪除厄的习俗，隋唐时期端午文化流传到邻国日本，但叶形相似的菖蒲经常跟玉蝉花混为一类，最初统一用汉字"菖蒲"（shoubu）统称。后人发现两者有本质区别后，便将能开出漂亮花朵的玉蝉花改称为"花菖蒲"（hana shoubu）以示区别，"hana"是花的意思。后来这种美丽的水生观赏植物从日本流传入我国后，国人就直接为其取名花菖蒲了。

2. 一切花菖蒲都源于玉蝉花

花菖蒲，在中文世界中又常被称为"玉蝉花"。但实际上准确来讲，花菖蒲（*Iris ensata* var. *hortensis*）是对玉蝉花（*Iris ensata*）（图03）及其由人工培育而来的园艺品种的统称。

玉蝉花是一种根茎类无髯类鸢尾。所谓"无髯"是指花瓣光滑，

图 03 玉蝉花

图 04 玉蝉花花部特写

没有任何的附属物（图 04）。据《中国植物志》记载，它在我国主要分布于黑龙江、吉林、辽宁、山东和浙江北部。也产于朝鲜、日本及俄罗斯、哈萨克斯坦等国，模式标本采自日本。常生于沼泽地或河岸的水湿地。

野生的玉蝉花有深紫、浅紫、粉红、白色和蓝色等多种花色变化，但以深紫最为常见，所以玉蝉花也叫紫花鸢尾，其下垂的外花被中心有黄色的斑纹。每年初夏时节，一朵朵娇俏的玉蝉花开放，宛如紫色的蝴蝶从草丛中翩翩起舞，煞是好看。

在日本，玉蝉花最早只有读音 ayame，意为"鲜艳的眼睛"。玉蝉花外轮花被片基部的确有一枚貌似眼睛的黄色花斑。当置身于花菖蒲盛开之处，会有一种被注视着的神秘感。室町时代，日本最为古老的花道专集《仙传抄》中记载了玉蝉花已用作"五节供花"。一条兼良在其所著的《尺素往来》中将玉蝉花列入夏花系列，这标志着玉蝉花正式从山野开始走入庭院。

日本人自江户时代开始对玉蝉花进行选育，如今已有500多年的栽培历史。作为日本著名传统观赏植物之一，玉蝉花迄今获得的园艺品种已有近5000个，它们就是在世界园艺界里大放异彩的花菖蒲。与其野生祖先——玉蝉花相比，花菖蒲的花要大很多，花期也更长，同时花色在一代代园艺师的努力下，变得极为丰富，花型也从单瓣单轮衍生出了重瓣双轮和多轮。

3. 湿生鸢尾五姐妹

花菖蒲是所有鸢尾属植物中花直径最大、花期最晚的一个园艺类群，花期为5月中旬至6月中旬。该类群喜光照充足，常生长在肥沃且湿润的酸性土壤中，尤其在幼苗生长期与开花前需保持土壤湿润。花菖蒲的习性与它的亲本玉蝉花相似，无论是花菖蒲还是玉蝉花在花瓣基部中脉处都有一条黄色的显眼的斑（图05），这

图05 花菖蒲花瓣基部的眼斑

就是花菖蒲及其原种玉蝉花最大的特点。

如今中外园林中经常能见到的湿生类鸢尾主要有：花菖蒲（玉蝉花）、路易斯安那鸢尾、黄菖蒲、溪荪和燕子花这五类。由于习性、花期、花型均较类似，很多园林花卉爱好者常常分不清。不过，只要掌握一点诀窍就可以轻松地一眼区分它们。

首先，看一下花瓣上的斑纹。这四类鸢尾的垂瓣（下花瓣）上均没有任何髯毛或突起，属于无髯鸢尾类型。但花瓣上的脉纹差别很大。其中，花菖蒲（玉蝉花）及路易斯安那鸢尾均有明显的黄色眼斑，燕子花则有一道白色的眼斑，黄菖蒲有一圈眼影状斑纹（图 06），而溪荪最为特别，其花瓣基部呈复杂的虎皮斑纹。

图 06 黄菖蒲

其次，注意看花色。花菖蒲（玉蝉花）及路易斯安那鸢尾花色最为丰富多变，尤其是路易斯安那鸢尾，红、粉、橙、黄、蓝、紫、白均有。花菖蒲花色则更为淡雅，至今没有特别红的品种，但是花型变化更为丰富。黄菖蒲只有深浅不同的黄色品种，溪荪以蓝紫色为主，偶有白色和粉色品种，而燕子花主要是天蓝色，偶见纯白色。

最后，看株型和叶片。路易斯安那鸢尾因为是杂种起源，株型最为高大，可达 1.5 米高，黄菖蒲也同样比较高大。花菖蒲、燕子花和溪荪株型近似，高约 1 米。花菖蒲叶片的中脉特别发达，且明显突起，而燕子花和溪荪则没有发达的中脉。

（作者：肖月娥）

猫爪草

华东草地三宝之一

相比于公园里繁花似锦的诸多蔷薇科花卉（桃、李、梅、樱、杏等），那些自由生长兀自盛开的野花才是春天的主人。在各色小野花中，最明亮最耀眼的非黄花莫属了，而在春天里能制造一大片"小黄花"的野花家族绝对有毛茛属（*Ranunculus*）的一席之地。

1. 到底哪里像猫爪了

毛茛属的属名 *Ranunculus*，在希腊文中的意思是"小青蛙"，而青蛙通常生活在离水比较近的地方，比如池塘或沼泽，用在植物名中就是表示这种植物喜欢生长在类似的生境中，而大多数毛茛属植物的确更容易在潮湿的地方看到。

华东地区最早开放的毛茛属植物便是素有"小毛茛"之称的猫爪草（*Ranunculus ternatus*）（图 01）。它是常见的毛茛里面身材最瘦弱的一员，叶狭花小，宛如柳眉细腰的女子一般惹人怜爱。因此，华东植物爱好者圈常将它与绶草、老鸦瓣一起戏称为"草地三宝"。

猫爪草的基生叶变化极大，《中国植物志》的专业描述为："单叶或 3 出复叶，宽卵形至圆肾形，长 5～40 毫米，宽 4～25 毫米，小叶 3 浅裂至 3 深裂或多次细裂，末回裂片倒卵形至线形"。学名中的 *ternatus* 便是描述它的叶片常是三裂的。

图 01 猫爪草

也许你会觉得正是这种细裂的叶片形如猫爪，故而得名。但令人尴尬的是，真实情况是它的地下根为多数簇生在一起的肉质纺锤形块根，顶端质硬，形似猫爪（图 02），才使得它拥有了这么一个可爱的名字。

2. 入药还需谨慎

猫爪草的株形通常很纤弱，生于茎顶的小黄花通常随风牵引

图 02 猫爪草根部特写

着柔弱的枝条四处招摇。花瓣上面有一层蜡质，光滑而油亮（图 03），在阳光照射下闪闪发光。通常一朵花上仅 5 枚花瓣，偶尔也有 6 ～ 7 枚花瓣。雄蕊有很多枚，一根根围绕在球形的雌蕊群四周。

毛茛类自古以来就一直被当作药用植物对待，它们体内含有毛茛

图 03 猫爪草花

苷，分解后就是具有强烈刺激性的原白头翁素。作为传统中草药，它们被认为具有清热解毒、散结消瘀的功效。

唐朝陈藏器在所著《本草拾遗》毛茛一条中写道："恶疮痈肿，疼痛未溃，捣叶敷之，不得入疮令肉烂。"意思是，它的叶子捣烂外敷可以治疗尚未溃烂的恶疮和痈肿，如果已经溃烂了还敷用，就会更加溃烂。但是切记：原白头翁素是有剧毒的，所以入药还是应谨慎！

3. 家族里的其他小黄花

毛茛属是一大类植物，全世界约有 550 种，主要分布在北温带地区，中国就有 125 种，其中的 66 种为中国特有种。虽然毛茛属种类繁多，但我们在日常生活的地方常见到的为数不多，大约 6 个种。

除猫爪草外，还有毛茛（*Ranunculus japonicus*）、石龙芮（*R. sceleratus*）、扬子毛茛（*R. sieboldii*）、回回蒜（*R. chinensis*）、禺毛茛（*R. cantoniensis*）、刺果毛茛（*R. muricatus*）等。来认识其中比较常见的三种吧！

毛茛，是这几个常见种中身材比较高大的一个，花朵也较大。聚合果是个刺球，每瓣都是一个瘦果，瘦果顶部有刺（专业术语叫"喙"）。基生叶三深裂但未达基部，叶柄长。

石龙芮（图 04），身材高大，密集丛生。当一大片石龙芮生长在一起的时候，场面还是十分壮观的。它并不是随处可见，经常出现在水较多的池塘或湿地。比较有特点的是，它的雌蕊群聚合成长椭球形。

图 04 石龙芮

图 06 刺果毛茛果实特写

图 05 刺果毛茛

刺果毛茛作为一种外来植物（图 05），外观形象是"矮壮"，整个植株铺在地上，叶片呈莲座状围绕着中间的小黄花。其果实也确实具有硬硬的突起，就像长着短短的粗刺（图 06），故而其得名"刺果毛茛"。

（作者：严靖）

猫爪草

紫珠

秋季野果中的颜值担当

秋冬季是欣赏植物色彩的绝佳季节，除了大众争相追逐的各色秋叶，一些植物的果实也十分靓丽，成为这个季节中的园林焦点。果实的颜色通常为红橙橘黄，少见有蓝色和紫色。但偏偏就有这么一类植物以其似珍珠般的紫色果子闻名天下，英文名更是以 beautyberry（美丽的浆果）称呼。它们便是紫珠。

1. 优秀的观果植物

紫珠属植物（*Callicarpa* spp.）原归于马鞭草科（APG 分类系统则归于唇形科），主要为灌木植物，少数可以长成藤本或乔木。该属植物全世界约有 140 余种，主要分布于热带和亚热带的亚洲和大洋洲，少数分布于美洲；我国约有 48 种，是重要的紫珠资源原产地。

紫珠属植物均为单叶对生，通常有毛和腺点。花序聚伞状，花常为紫红色（图 01），小巧。果实为核果，通常为紫红色或红

图 01 紫珠属花序

色，偶有白色，具光泽，十分艳丽。紫珠属植物多数种类的茎、叶、果等部位还可药用，具有较好的药用价值。

在园林观赏方面，紫珠株型紧凑，枝叶繁茂，夏季开出密密的粉红色小花，在9月下旬便能呈现出颗颗闪着金属光泽的紫色果实，它们如一粒粒珍珠布满树冠，晶莹可爱，且经久不落。因此，是极为优秀的观果植物（图02）。

图02 紫珠属果序

近年来，一些园林企业从国外引进了少量观赏紫珠，特别是上海等大城市，已将一些国外紫珠种植于绿地中，种植效果极好，其观赏价值已经得到了大家的一致认可。我国长江以南盛产各类紫珠属植物，其中不乏一些具有极佳观赏价值的种类。

2. 乡土的紫珠种类

01. 白棠子树 / 小紫珠（*Callicarpa dichotoma*）
落叶灌木，株型小巧，从基部开始分枝，枝繁叶茂，冠形紧凑。

图03 白棠子树果期

野生状态下常生长于水沟边或岩石缝中。本种适应性极强，耐水湿，耐干旱，适当修剪后冠形圆润。果形小但果量大，秋季整株灌木上挂满亮紫色的硕果，美丽异常（图03）。

白棠子树的观果期长，从8月中下旬直至11月中下旬。其因极佳的适应性、较长的观赏期、耐修剪、极好的萌发能力、容易移植等特点，而具有极好的推广价值，既可成片种植于光线充足的林缘或水边，也可种植于岩石缝间。除了在庭园中与其他植物或园林小品搭配外，还可以做切花使用，效果极佳。

02. 老鸦糊（*Callicarpa giraldii*）

直立型高大灌木，主干较为明显，偶尔会长成小乔木状。本种直立性强，花、果都较白棠子树大，果序十分壮观，满树紫红色的果成熟时十分惊艳（图04）。花期5月中旬至6月底，果期为9月上中旬至11月中下旬。本种因个体较为高大，结果率很高，可孤植或小片种植于林缘，与常绿植物搭配种植效果更佳。

03. 红紫珠（*Callicarpa rubella*）

落叶小灌木，叶片及小枝密被柔毛；叶片倒卵状长椭圆形，叶柄极短或近于无柄。聚伞花序宽2～4厘米，花序梗长1.5～3厘米；花冠紫红色，雄蕊花丝伸出花冠外（图05）；果实成熟后紫红色。果熟期10—11月。本种结实量大，果实颜色靓丽，是极好的秋季季观果

图 04 老鸦糊果期

图 05 红紫珠花期

灌木。

　　另外，日本紫珠、华紫珠、枇杷叶紫珠等种类也同样具有较好的观赏价值，在园林中使用时，可以根据不同的要求，选择不同的紫珠种类来点缀，以起到画龙点睛的作用。

3. 生长习性及园林应用

国产的紫珠属植物大多分布于长江以南，属于暖温带至亚热带植物，通常均喜阳耐热，具有一定的抗旱和耐寒能力，且对土壤的适应性强。适宜气候条件为年平均温度 15～30 摄氏度，年降雨量1000～1800 毫米，土壤以红黄壤为好，在稍微遮荫的地方生长较好。紫珠枝条柔软，耐修剪，萌枝能力强，需要通过修剪来控制株型，否则易生长得比较凌乱。剪下的枝条可用于扦插繁殖。

以观果为主的紫珠可作为林缘、草坪的衬边，与常绿树搭配栽植时可互相衬托，若成片栽植可形成大片的暖色调色块，给人紫气氤氲的感觉（图 06），并成为秋季园林景观焦点。

图 06 园林中紫珠属片植景观

紫珠的果枝用于切花花材也是比较新颖的。其枝条具有一定韧性，易于造型，可以表现出流畅的线条与韵律，而且观赏期长，光泽度好，再加上果色为紫红色，因此符合国人的传统审美观。

（作者：叶喜阳）

檫木

开在早春的明黄花海

当早春的短命植物在林下厚厚的枯叶层中努力地追寻着阳光的时候，大多数落叶阔叶树上的嫩芽还不见任何动静。不过，总有一些异常敏感的大树，率先碰触到了空气中的一丝微弱变化，便早早地想开了。比如在华东地区，才进入二月下旬，檫（chá）木便悄悄绽放了。

1. 早春最明亮的花海

南京青龙山和横山一带的山坡上，枫香树灰白色的枝干还是光秃秃的。山胡椒满树赭色的枯叶也丝毫没有打算要离开的样子。冬青树油亮的绿叶经冬后，有一些已经开始泛起疲惫的黄。马尾松和黑松仍然艰难地站立着，披着一身灰扑扑的绿，看上去有点儿难以为继。就在这满山的苍青和灰赭之间，檫木突然开花了。一树明晃晃的小黄花（图01），瞬间点亮了仍带有阴郁冬气的春天。

檫木开花时还没长出叶子，开花的力量来自去年存储在树干和根部中的养分。在根压的作用下，这些养分和水溶解在一起，变成了营养丰富的树液。树液沿着木质部的管道，向上泵到树梢上每一个膨大的花芽中。

每一棵高大的檫木树下，都生着许多黄绿色的、表皮光滑的小树苗。它们都是檫木的小苗。年复一年，这些小苗就会长成大树。所

图 01 漫山的檫木开花

以在青龙山和横山一带，经常能看到大量的檫木形成一片纯林。每年二三月间开花的时候，就会酝酿出一场最盛大的花事，吸引着一群追逐春天的人来见证这早春最明亮的花海。

2. 雌雄同株还是异株？

檫木为樟科檫木属的落叶乔木，该属为典型的东亚—北美间断分布属，全世界共有 3 种，分别为特产于中国大陆的檫木（*Sassafras tzumu*）、特产于中国台湾的台湾檫木（*S. randaiense*）和特产于北美洲的白檫木（*S. albidum*）。

檫木树干通直，高达 35 米（图 02）。叶片为卵形或者倒卵形，全缘 2 至 3 裂，形状与鹅的脚掌有几分相似（图 03），所以它还有个很接地气的别名——鹅脚板。这种 3 裂的叶形在以全缘叶为主的樟科植物中算比较特殊的了。

图 02 檫木植株

图 03 檫木叶片

　　檫木的花芽着生于小枝顶端，花序呈总状或圆锥状（图04）。花被片6片，雄蕊共有12枚，每轮3枚，共分4轮，其中9枚为可育雄蕊，3枚为退化雄蕊，每朵花有1枚雌蕊。早期很多文献，包括《中国植物志》，对檫木的描述都是雌雄异株。后来科研工作者经过大量的观察和研究，认为檫木的花为两性花，并且是雌蕊先熟的两性花。

图 04 檫木花序特写

　　檫木在我国分布范围较广，在华东、华中、华南、西南等十余个省区均有分布，常生于海拔150～1900米的山地疏林或密林中。檫木为阳性树种，喜温暖湿润气候及深厚、肥沃、排水良好的酸性土壤，是山地次生林中的先锋树种和优势树种。

3. 应用潜力显著的乡土树种

櫟木在花落后开始长叶，叶子到了秋天就会转为橙红或深红（图05），明亮夺目，丝毫不输以观叶闻名的枫香、黄连木等，可作为优良的园林树种观赏。在落叶之前，它会把叶片光合作用所制造的养分沿着韧皮部从上往下，从树冠运到根部，然后在根部储存起来。等待来年供给每一个花芽。

图 05 櫟木秋色

櫟木的木材浅黄色，木质优良，纹理通直。全株含有油性细胞，在叶和果中尤其高，可作为香料资源。同时，木材中的芳香油还能让木材保持光亮如新，因而有"南方榆木"之美称。有句俗话："千年针松一根柱，十年櫟树好打船"，也说明了櫟树生长速度之快。櫟木的重量、硬度、强度、韧性适中，不容易卷翘开裂，是优良的造船用材和家具、装修用材。

（作者：翟伟伟、莫海波）

— 枫杨 —

枫树、杨树你都知道，但是枫杨呢？

枫杨可以说是一种非常普通的乡土树种，它几乎遍布我国大江南北，并且喜欢生长于水沟湖岸等比较湿润的地方，那成串下垂的具翅膀的果实是它最容易辨识的特征。夏季到来时给人以满树的浓荫，那柔美下垂的长穗状果序（图 01）则成为它最美的装饰。

图 01 枫杨下垂的果序

1. 像枫像柳又似杨

枫杨（*Pterocarya stenoptera*），为胡桃科枫杨属植物，是一种非常高大的落叶乔木，它在我国的分布也非常广，黄河流域以南很是常见。枫杨喜欢生于近水的环境，所以在溪流河边常能见到它。它的生长速度很快，加上枝叶密集，树冠宽广，很自然地就成了人们喜爱的遮荫树种（图 02），因此庭院中、道路两旁都能见到。

枫杨的名字中概有"枫"又有"杨"，它们有什么关系呢？

当你看到树上垂下的一串串果实的时候，就自然地能从它的一对狭长的翅上看到槭树翅果（图 03）的影子了。而槭树通常被习惯地称为枫树，所以枫杨的"枫"字就因其果实类似槭（枫）树而来。

至于"杨"好像就没那么明显的相关性了，那又何以用"杨"来命名呢？枫杨分布很是广泛，又是低头不见抬头见的植物，所以在不同的地方有不同的俗名，而它的俗名居然不下 70 个！在这些名字中，称为"某柳"的不下 30 个，如"枫柳""麻柳""元宝柳"等，皆因其枝叶下垂形似柳树，同时其韧皮纤维坚韧，可以用来编织。而杨柳乃是并称，"杨"和"柳"多数场合可被通用，因此枫杨的"杨"其实是"柳"。这么说来，原来它叫"枫柳"才更合适！

图 02 高大的植株

图 03 枫杨果实

2. 会飞翔的果实

枫杨的拉丁学名和中文名一样，揭示了其果实具翅的特点，属名 *pterocarya* 在拉丁文中即是"坚果具翅"的意思（整个坚果被苞片和小苞片发育的翅包围着，剥开苞片露出的才是果实）。枫杨的果实有一种乘风破浪的感觉。关于它的比喻也很多，如燕子、元宝、馄饨等。

图 04 槭属植物的果实

当这些带翅膀的果实从枝头一排排地垂下来的时候，大概就是枫杨给人印象最深的时候。仔细观察它的果实，就会发现枫杨的果实不同于槭树。槭树的果实（图 04）是两枚带翅的小坚果连在一起，而枫杨是一个果实上长两个翅。翅的数量虽然不同，但作用却是一样的，都可以帮助果实随风传播到远方。

枫杨的花序和杨柳科植物倒是很相似（图 05）：雌、雄花分别组成长长的下垂花序，植物学上称为"柔荑花序"，雄花花序生于去年枝条上叶片已经脱落的地方（叶痕腋内），而雌花花序顶生。和其他植物的柔荑花序一样，枫杨的花序也给人一种大毛虫的感觉。这也是枫杨和杨柳的相似之处。

图 05 枫杨花序

枫杨的叶多为偶数羽状复叶，小叶对生，约长椭圆形。小叶的基部偏斜，下侧圆而上侧窄，边缘有向内弯的锯齿。枫杨和其他羽状复叶的行道树从叶片上相区分的最大特点在于它叶轴具狭翅（拉丁名的种加词 *stenoptera* 就是这个意思），虽然不太明显，但从叶背观察也能清楚地看到叶轴两侧有多出的部分，而那就是枫杨的轴翅了。

它的树皮具明显纵裂，粗壮的老树树干带给人一种沧桑感

图 06　枫杨树干

（图 06）。而它具柄的密被锈色毛的芽更是加深了这种感觉。不过，枫杨是极具生命力的，每年的种子落地后有相当一部分可以发芽。于是，大家能在枫杨的脚边看到很多这样的小枫杨了。

3. 耐水湿的高大乔木

　　能够耐水湿环境，甚至能泡在水里生长的大树通常凤毛麟角，常见的园林植物有原产北美的落羽杉及池杉，枫杨算是国产种类的代表。野生枫杨主要生活在低海拔的山谷阴坡或者河滩岸上，比较耐水湿，幼苗根系被水淹上个把月也不会死。

　　和垂柳一样，枫杨在水边生活久了以后枝干也容易向水面倾斜虬（qiú）曲，可以形成很好的园林效果。苏州留园的一些老图片资料中常常能够看到一棵斜探水面的大树。经人考证，它就是一棵老枫杨树。不过，现在已经不在了。

　　枫杨生长迅速，因而木材比较轻软，承重力不强且容易腐朽。它鲜少用于建造房屋，而只能锯成板材做家具或者做薪材使用，可以说是没有大用。

（作者：王挺）

食药用植物

SHIYAOYONGZHIWU

枸杞

可不止用在保温杯里

《欢乐喜剧人》和神曲《卡路里》中的一句"保温杯里泡枸杞"让保温杯和枸杞刷爆了朋友圈。那么，大家对喜闻乐见的枸杞认识多少呢？

1. 枸杞大家族

枸杞属（*Lycium*）隶属于茄科，多为多棘刺浆果类落叶小灌木，从基部多分枝，枝条坚硬而斜升，或柔弱而披散。该属在全球呈离散性分布，约有 80 种，主要分布在南美洲和北美洲，少数种类分布于欧亚大陆温带。*Flora of China* 载中国枸杞属野生分布有 7 种 2 变种（见表 01），主要分布于中国西北和华北地区，环境适应性极强，可生长在高原草甸、荒漠和丘陵。

表01 中国枸杞属野生分布范围

序号	中名	学名	分布
01	宁夏枸杞	*L. barbarum*	宁夏、甘肃、内蒙古、新疆、青海、陕 西北部、河北北部、四川
02	黄果枸杞	*L. barbarum* var. *auranticarpum*	宁夏
03	枸杞	*L. chinense*	东亚至欧洲广布

序号	中名	学名	分布
04	北方枸杞	*L.chinense* var. *potaninii*	甘肃西部、河北北部、内蒙古、宁夏、陕西北部、山西北部、青海东部、新疆
05	截萼枸杞	*L.truncatum*	宁夏、甘肃、内蒙古、新疆、陕西北部、山西；蒙古
06	新疆枸杞	*L.dasystemum*	甘肃、青海、新疆；中亚
07	黑果枸杞	*L.ruthenicum*	宁夏、甘肃、内蒙古、新疆、青海、陕西北部、西藏；中亚
08	柱筒枸杞	*L.cylindricum*	新疆
09	云南枸杞	*L.yunnanense*	云南

人工种植品种最多的是宁夏枸杞和枸杞这两大类群。其中，枸杞以野生为主，遍布全国各地，除普遍野生外，各地也有作药用、蔬菜或绿化栽培。其枝条细弱俯垂（图01），小枝顶端锐尖成棘刺状，果实味甜而带微苦。宁夏枸杞主要位于我国西北地区，在中国栽培面积最大，浆果红色（图02）或在栽培类型中也有橙色，果实甜，无苦味。

图01 枸杞植株

图 02 枸杞果实

2. 名称来源

枸杞这个名称最早出现在中国两千多年前的《诗经·小雅·湛露》:"湛湛露斯,在彼杞棘。"明代的药物学家李时珍云:"枸杞,二树名。此物棘如枸之刺,茎如杞之条,故兼名之。"在中国还有很多民间叫法,如中宁枸杞、津枸杞、山枸杞、枸杞菜(广东、广西、江西),红珠仔刺(福建)、牛吉力(浙江)、狗牙子(四川)、狗牙根(陕西)、狗奶子(江苏、安徽、山东),等等。在宁夏枸杞主产区——宁夏回族自治区中宁县,农民们习惯称呼枸杞为"茨",茨即蒺藜。这是由于野生枸杞与蒺藜(图 03)相似,常被混采作烧柴。

图 03 蒺藜

而属名 *Lycium* 来源于希腊语 lykion，指的是一种多刺植物，"Wolf-berry"是枸杞最常见的英文名，而另一个英文名"Goji Berry"是 21 世纪以来的叫法，来自拼音 gǒuqǐ，它反映了中国的枸杞逐渐进入国际市场的事实。

3. 药食赏多用

枸杞是我国重要的特色药用植物资源之一，中国也是世界上第一大药材枸杞生产国，宁夏枸杞是唯一载入 2010 年版《中国药典》的品种（图 04），"枸杞子"自古以宁夏枸杞的果实为地产药材，药用价值最高。从 20 世纪后半叶开始，枸杞作为西部重要的经济植物，栽培规模不断扩大，种植区域从宁夏扩展至青海、甘肃、新疆、内蒙古、河北和西藏等地，枸杞产品出口超过 30 个国家和地区。

枸　杞　子

Gouqizi

LYCII FRUCTUS

本品为茄科植物宁夏枸杞 *Lycium barbarum* L. 的干燥成熟果实。夏、秋二季果实呈红色时采收，热风烘干，除去果梗，或晾至皮皱后，晒干，除去果梗。

【性状】　本品呈类纺锤形或椭圆形，长 6～20mm，直径 3～10mm。表面红色或暗红色，顶端有小突起状的花柱痕，基部有白色的果梗痕。果皮柔韧，皱缩；果肉肉质，柔润。种子 20～50 粒，类肾形，扁而翘，长 1.5～1.9mm，宽 1～1.7mm，表面浅黄色或棕黄色。气微，味甜。

图 04 《中国药典》中有关枸杞的内容

枸杞被卫生部列为药食两用品种，枸杞子具有多种药用作用，还可加工成各种食品、饮料、保健酒、保健品等，也经常用于泡水、煲汤或者煮粥。除此以外，枸杞的嫩叶可作蔬菜（图 05），种子油可制润滑油、食用油或保健品，而黑果枸杞的营养保健及药用价值也备受关注。

图 05 枸杞头

　　枸杞属植物喜冷凉气候，耐寒力很强；根系发达，耐干旱，可生长在沙地，常作为水土保持的灌木；耐盐碱，因此成为盐碱地开树先锋。此外，枸杞树形婀娜，叶翠绿，花淡紫，果实鲜红，是很好的盆景观赏植物，现已有部分枸杞观赏栽培。在欧洲及澳大利亚、美国、阿根廷等国常作观赏植物，因其多有叉状分枝和棘刺，一般也用作绿篱。

（作者：郭卫珍）

油茶 ———

被誉为"东方橄榄油"的油茶籽油

油茶因其种子可榨油（茶油）供食用，故名。它是我国南方主要的经济林木，与油棕、油橄榄和椰子共称世界四大木本食用油料树种。

1. 广义的油茶大家族

广义的油茶是对山茶科山茶属（*Camellia*）植物中种子含油率较高，且有一定的栽培经营面积的树种的统称。一些主要栽培的高产油茶包括普通油茶（*C. oleifera*）（图 01）、单籽油茶（*C. oleifera*

图 01 油茶

图 02 浙江红山茶

var. *monosperma*)、攸县油茶（*C. yuhsienensis*）、南山茶（*C. semiserrata*）、高州油茶（*C. gauchowensis*）、狭叶油茶（*C. lanceoleosa*）、越南油茶（*C. vietnamensis*）、栓壳红山茶（*C. phellocapsa*）、浙江红山茶（*C. Chekiangoleosa*）（图02）、南荣油茶（*C. nanyongensis*）、滇山茶（*C. reticulata*）等。

我国油茶的自然类型主要有：

（1）花期类型：特早花类型，早花类型、中花类型、晚花类型、春花类型；

（2）成熟期类型：秋分籽、寒露籽、霜降籽、立冬籽茶；

（3）果形态类型：红球、青球、脐型红桃、青桃、红桃、青桔。

2. 栽培历史及发展前景

据清朝张宗法《三农记》引证《山海经》："员木，南方油食也。"这里的"员木"即油茶，至今已有2300多年，可见油茶的栽培与利用在我国具有悠久的历史。油茶喜温暖怕寒冷，要求有较充足的阳光和水分，适宜在坡度和缓、侵蚀作用弱的地方栽植，喜土层深厚的酸性土。

目前油茶已成主要木本油料作物，从长江流域到华南各地广泛栽培，主要栽培区集中在湖南、江西、广东等省，现有油茶林面积达到了302万公顷（图03）。我国各省的油茶生产区经过多年的栽培和培育，已选育出上百个产油量大且能应用于生产的优良品种，产生了巨

图 03 油茶林

大的经济和社会效益。可以说，油茶的发展前景十分广阔。

3. 被誉为"东方橄榄油"

油茶籽的含油量较高，种子含油 30% 以上，可供食用及润发、调药，并用来制作蜡烛和肥皂。油茶籽油的不饱和脂肪酸含量高达 90%，远远高于菜油、花生油和豆油，维生素 E 含量也比橄榄油高一倍，并含有茶多酚、山茶甙等特定生理活性物质，因其极高的营养价值，并具有预防心脑血管疾病、抗氧化清除自由基等功效而被誉为"东方橄榄油"和"长寿油"（图 04）。油茶籽油色清味香，耐贮藏，是优质的食用油，也可作为润滑油、防锈油用于工业。

图 04 茶油

此外，油茶果实榨油之后剩下的茶籽粕中含有茶皂素、茶籽多糖、茶籽蛋白等，它们都是化工、轻工、食品、饲料工业产品等的原料。不仅如此，茶籽粕还可作为农药和肥料，用于提高农田蓄水能力和防治稻田害虫；茶籽壳（图 05）还可制成糠醛、活性

图05 油茶果实

炭、食用菌培养基等；果皮则是提制栲胶的原料。由此可见，油茶具有很高的综合利用价值。

4. 良好的生态效益

油茶的花期正值少花季节（图06），是优良的冬季蜜源植物，在生物质能源中也有很高的应用价值。同时，油茶又是一个抗污染能力极强的树种，对二氧化硫、氟化氢及氯气的抗性都较强。因此，科学经营油茶林具有保持水土、涵养水源、调节气候的生态效益。此外，油茶的树干木质细、密、重，是做家具、陀螺、弹弓的好材料，树干的天然纹理也使其成为制作高档木纽扣的上等材料。

（作者：郭卫珍）

图06 油茶花

山核桃

源自山野的美味坚果，每一口都来之不易

雪中的江南，美得窒息也湿冷彻骨。赏雪归来，若有一杯热茶和一捧炒货，真是再惬意不过了。说起别具江南特色的炒货，非酥香松脆的山核桃莫属了。

1. 古老的孑遗植物

提到山核桃，或许有人说，它不就是长在山里的核桃吗？其实，山核桃虽生长在山区，但它与核桃却是同科不同属的表兄弟关系。从个头上看，山核桃的直径约核桃的一半大，又被人们称作"小核桃"。从形态上看，山核桃的外果皮生有4条纵棱（图01），且内果皮表面比核桃更为光滑。

在《中国植物志》中，山核桃属共有山核桃、美国山核桃（图02）、贵州山核桃、越南山核桃和湖南山核桃五种。其中，山核桃主产于浙、皖交界的天目山区。据专家考证，山核

图01 山核桃果实

图 02 美国山核桃

桃是原产于我国的古老树种，曾分布于华东地区。由于受第四纪冰川的打击，仅在天目山区得以保存。

杭州地区的临安、淳安、桐庐，湖州的安吉，安徽的宁国、绩溪皆为山核桃产地。临安的山核桃不仅享誉海内外，产销也最具规模。这与当地独特的自然环境密不可分，由石灰岩岩体发育而成的富含钙及微量元素的土壤，十分适宜山核桃的生长。

2. 水果摊的传奇身世

山核桃的栽培、利用历史可追溯至明代，但在 1915 年之前，它还是默默无闻的山区特产，直到著名的植物猎人威尔逊（E. H. Wilson）在杭州的水果摊上慧眼识金，发现了与众不同的它。

当时的威尔逊与萨金特（C. S. Sargent，哈佛大学阿诺德树木园第一任园长）合作，在中国进行植物采集工作。1917 年，由萨金特编辑的三卷著作《威尔逊植物志》（*Plantae Wilsonianae*）（图 03）在美国出版，书中几乎包含了威尔逊从中国带到西方的全部植物种类，其中就包括采自临安的山核桃。

《威尔逊植物志》第三卷第 187 页，记载了产于天目山区的山核桃。在书中，萨金特将威尔逊发现于水果摊上的"核桃"命名为 *Carya cathayensis*。其中，*Carya*（山核桃属）这一属名来自希腊语 Karyon，意为坚果核；种加词 *cathay* 曾是中世纪欧洲对中国的旧称：契丹。而在我国，山核桃产区的方言大都是吴语，当地人习惯将山核桃称作"山蟹"（吴语读音 sān hǎ）。如今，山核桃已从非常小众的山区特产，一跃而成深受人们喜爱的高档坚果。

图 03 *Plantae Wilsonianae*

3. 从山中野果到舌尖美食

山核桃的树龄虽可达百年，但它却是个娇气的树种。不仅对环境挑剔，生长也极为缓慢，需二十年左右才开始结果。山核桃春季开花，夏季结果。进入秋季，它的外果皮由青变黄。此时的山核桃已饱满成熟，白露节气一到，就可以开竿了。

由于山核桃树形高大又多长在陡峭山地，机器无法取代人工采收，而等到自然落地又会贻误加工良机。因此，为期一个月的进山爬树"打山核桃"，就成了既危险又辛苦的农活。因产量稀少，加之采收艰苦，刚下树的山核桃就变得十分金贵。

在炒制山核桃前，先要去掉外果皮。这层外果皮不仅坚韧，还含有苦涩的单宁类物质，可以保护里面的坚果不被大多数动物啃食。外果皮中的醌类化合物又如同强大的染色剂，直接接触后会将手掌染成乌黑色。尽管山核桃这层外果皮不讨人喜欢，但经过改性加工，也可以变废为宝。

去掉外果皮的山核桃经过漂洗、筛选、日晒，再加入各种香料进行煮制，就褪去了原有的涩味。煮过的山核桃烘干之后，萜烯类、酯类等风味物质会散发出诱人的香气，更有原味、碳烤、水煮、奶香、椒盐等多种口味，可以满足人们味蕾上的各种需求。经过复杂的加工，一颗颗味美香脆的山核桃（图 04），就完成了从山中野果到舌尖美食的旅程。

图 04 山核桃仁

4. 如何优雅地吃山核桃?

我们吃的山核桃,是一种核果状坚果。这种外果皮由总苞发育而来。种仁藏在坚硬的内果皮之中的果实类型,在植物学上叫做假核果。要想得到山核桃松脆可口、富含油脂的子叶,只有一个办法:剥开它那坚硬的内果皮。

小小的山核桃虽好吃却难剥,那么,如何优雅地吃山核桃呢?牙齿这个工具最方便,但是牙咬的过程不够雅观,嗑伤了牙齿也不划算。而用锤子敲打,用力稍过就会砸个粉碎,用力稍偏山核桃就会溜走。于是,人们为了更加轻松地剥壳,发明了各种样式的神器,有剪的,有压的,有夹的,有扭的,有弹的。至于哪一种最好,除了自身喜好外,还要熟能生巧。当然,最优雅简单的方法,就是买现成的山核桃仁吃,但这也少了自己动手消遣的乐趣。

山核桃除了富含脂肪、蛋白质,还有不饱和脂肪酸、卵磷脂、钙、锌、氨基酸和碳水化合物等营养成分。虽然这些营养成分可以提供大脑所需的营养,但把补脑的希望都寄托在山核桃上,充其量只是"以形补形"的美好愿望。当然了,到了寒冬时节,人们需要摄取蛋白质和脂肪含量高的食物来抵抗寒冷,山核桃这类坚果就是个不错的选择。

(作者:王晓申)

紫苏

光阴荏苒逝，秋来苏子香

　　时光荏苒，草木荣枯。"荏苒"这个词语，原非单指光阴流逝或者草木柔弱，在古代它还曾是一种植物的名字。这种植物的名字，大家肯定不会陌生，它来自唇形科紫苏这个盛产香料的大家族，该家族有紫色、绿色两种，是原产于我国的香草。紫苏既生长于野外，又被广泛栽培，在江南人家的门前屋后（图 01），也少不了它的身影。那么，"荏苒"到底是紫苏中的哪一种呢？

图 01 栽培的紫苏

1. 白苏 or 紫苏?

紫苏（节选）

宋·章甫

人言常食饮，蔬茹不可忽。

紫苏品之中，功具神农述。

为汤益广庭，调度宜同橘。

结子最甘香，要待秋霜实。

在古代，紫苏曾被称为"桂荏"，白苏被称作"荏苒"。由于紫苏和白苏不仅叶形变异大，叶片颜色亦是不同，古书中便将叶片全绿的称为白苏（图02），叶片紫色或面青背紫的称为紫苏，以作区别。其实，根据近代分类学家的观点，紫苏和白苏为同属同种植物。尽管白苏的花色偏白、香气逊于紫苏，紫苏花色粉红至紫红、香气较浓郁，但两者差别细微，故将两者合并，统称为紫苏。

如今按照植物分类学的特征界定，紫苏属（*Perilla*）有紫苏（*P. frutescens* var. *frutescens*），野生紫苏（var. *purpurascens*）、耳齿变种（var. *auriculata-dentata*）、回回苏（var. *crispa*）（图03）四个亚种。并且经过两千多年的人工培育，又衍生了繁多的园艺品种，令人眼花缭乱。

图02 叶片绿色的紫苏

2. 紫苏与香料的不解之缘

紫苏原产于东亚及南亚部分地区，在我国各地均有广泛栽培。19世纪时，紫苏引入西方，用作装饰性植物。它最初被称作Beefsteak plant（牛排草），但并非是用于烧制牛排的香料，而是因其叶形和色泽犹如牛肉纤维的质感。

由于西方人不擅以紫苏调味，以至于紫苏在西方遭受冷遇。而深谙东方料理的日本人，却对紫苏格外追捧。直到日料在西方国家中流行起来，作为日料刺生的最佳搭配，紫苏才重新进入西方人的视野。如今紫苏的英文名为Shiso所取代，已颇有日语的味道。

图 03 回回苏

在我国，古人认为紫苏味辛如桂，便开始用它烹制菜肴。明代李时珍在《本草纲目》中曾载："紫苏嫩时有叶，和蔬茹之，或盐及梅卤作菹食甚香，夏月作熟汤饮之。"此外，紫苏还被佐以鱼蟹食用，以减弱其腥气。其中，最具江南风味的做法是用秋季的紫苏叶蒸大闸蟹，蟹脐处放几片紫苏叶，一来可以去腥，二来可以增香，令人忍不住大快朵颐一番。此外还有紫苏干烧鱼、紫苏鸭、紫苏炒田螺等特色菜肴。而在日本刺身中，紫苏叶搭配刺生生食，不仅可以掩盖肉腥、增色增香，还有抑制细菌之效。

3. 秋来苏子香

紫苏不仅是餐桌上的美味香草，还是医药、化工原料。紫苏的茎叶、种子可用来提取紫苏油，紫苏油中含一种叫紫苏醛的化学成分，有着类似孜然的香气。该化学成分既可为生鲜食材去腥解腻，又被用于烟草加工、牙膏原料、蛋糕制作等方面。

相比紫苏芬芳鲜亮的叶片，它的种子却十分小巧。但是别看它种子小小的，它的一些变种的种子出油率竟高达 45%，可以像芝麻一样提供食用油，所以人们也称它为"野芝麻"。炒熟后的紫苏子（又称"苏子"）可以散发特别而又浓郁的香味。我国西南地区，还有以苏子为馅的汤圆、粑粑等特色小吃。

苏子成熟的季节，喜爱紫苏蒸蟹的朋友，不妨再体验一下苏子特殊的香气。说不定，你也会喜欢上它。

（作者：王晓申）

皂荚

能吃还能洗衣服的豆子

皂荚树是我国古代社会中非常重要的一种经济树种。它全身都是宝，种子不仅可以作皂角米来食用，果实煎汁后还可以作为"肥皂"使用。除此之外，在生产用材、工业原料、药用保健、园林绿化、历史文化等方面，都能发挥不小的作用，是旧时代人们重要的生活物资。

1. 令人心生敬畏的长刺

皂荚树为豆科的落叶树种，在我国南北都有分布和种植。最令人印象深刻的便是树干上那些密集的长刺（图01），这种刺具有分枝，

图 01 长满刺的皂荚树

图 02　皂荚花序

是由不长叶的小枝变态发育而来，因而植物学家称其为"枝刺"。皂荚树之所以会拥有这种吓人的枝刺，可能是为了防止一些哺乳动物取食枝叶，因此经过漫长的时光变迁，它便逐渐演化出了这种能够使哺乳动物无法靠近的刺。

与一般豆科植物不同，皂荚拥有与众不同的花（图 02）。首先，皂荚的花序上长着两种不同的花，一种是雌蕊功能退化的雄花，一种是雌、雄蕊都具有其功能的两性花，也就是完全花。这种完全花和雄花生于同一植株的现象，在植物学上被称为"雄全同株"。一般认为，雄全同株是由雌雄同花演化而来（从皂荚雄花具有功能退化的雌蕊可以看出），处于向雌雄异株、雄全异株或雌雄同株演化的一个过渡阶段。

绝大多数豆科植物的花具有 5 枚花瓣，但往往存在例外，皂荚就是其中之一。皂荚的雄花和两性花都仅有 4 枚花瓣，并且 4 枚花瓣形状高度一致，这与一般豆科类群的花冠两侧对称不同。

2. 浑身是宝的多功能树种

图 03　皂荚果实

皂荚之所以得名，是因为其荚果（图 03）中富含皂苷，具有良好的去污能力，将果实煎汁后可用于洗涤衣物，是我国人民用了两千多年的纯天然肥皂。此用法大概起于汉代，通行于六朝。李延寿撰《南史》卷十《陈本纪·论曰》中记载："始梁末童谣云：可怜巴马子，一日行千里。不见马上郎，但见黄尘起。黄尘污人衣，皂荚相料理。"

皂荚米为皂荚的种子，秋季果实成熟时采收，剥取种子晒干，并将种皮剥落而得。皂荚米是高能量、高碳水化合物、低蛋白、低脂肪的食物，富含丰富的胶原蛋白。民间认为其具有清肝明目、美容养颜等功效，是一种纯天然的绿色滋补食品。

除了荚果煎汁可供洗涤衣物外，皂荚还有着多种多样的用途。皂荚树的木材坚硬，可用作车辆、家具之用材；皂荚树的嫩芽可用油盐调食，皂荚树的种子煮熟后糖渍亦可供食用。皂荚树的荚果、种子和枝刺在中医中可以入药，据称有祛痰通窍、镇咳利尿、消肿排脓等功效。此外，一些皂荚在发育过程中受到某些外界因素的影响，所结的果实短小、弯曲而无种子，中医称之为"猪牙皂"，认为其有通窍、涤痰、搜风、杀虫等功效。因此，皂荚成了中国草药学中五十种基础中草药之一。

3. 多姿多彩的皂荚家族

除了皂荚树，在华东地区，我们还能见到它的近亲山皂荚（ *G. japonica* ）。与皂荚树不同，山皂荚为雌雄异株植物，也就是说一株山皂荚上只可能找到一种性别的花（序）。山皂荚的荚果不如皂荚的荚果劲直且多肉，山皂荚的荚果通常非常薄，且会高度旋卷起来（图 04）。此外，在华东地区的山间，我们还能见到皂荚的另一近亲 —— 肥皂荚（ *Gym-*

图 04 山皂荚

nocladus chinensis）。相比皂荚属的植物，肥皂荚的荚果非常肥厚，它的果实也能用来洗涤衣物。

4. 鲁迅认错了植物？

鲁迅的《从百草园到三味书屋》中写到了皂荚树，但据后人考证，那棵"皂荚树"实际上恐怕是无患子科无患子属的无患子（*Sapindus saponaria*）（图05）。这点也从鲁迅之弟周作人的文章《后园》中得到了侧面证实："百草园的名称虽雅，实在只是一个普通的菜园，平常叫作后园……智房的园门在西边正中，右面在走路与池的中间是一座大的瓦屑堆……堆上长着一棵皂荚树，是结'圆肥皂'的，树干直径已有一尺多，可以知道这年代不很近了。"所谓"圆肥皂"，便是无患子的果实。在江南一带，旧时，无患子的果实亦能被用来洗涤衣物。鲁迅称之为"皂荚树"，颇有可能是因为当地人的习惯称呼。

图 05 无患子果实

（作者：蒋凯文）

枇杷

讲真，枇杷和琵琶原来是一回事

初夏游张园

宋·戴复古

乳鸭池塘水浅深，熟梅天气半阴晴。

东园载酒西园醉，摘尽枇杷一树金。

出自宋代戴复古的这首《初夏游张园》为我们描绘了一幅初夏时节，枇杷成熟之际的大好田园风光。正值江浙一带枇杷采摘上市（图01），作者在野外采集时偶遇了一片枇杷林，脑子里便一下子浮现

图 01 枇杷果枝

出这首古诗。饥肠辘辘的一行人看着满树金黄，垂涎欲滴。看样子今年是个产量大年，去年冬季的花期并未受到寒潮的侵害。忙碌的果农招呼我们采摘品尝，酸甜多汁的果实和热情好客的老乡瞬间将我们的疲惫一扫而空。

1. 枇杷和琵琶是什么关系？

仔细端详手中的枇杷，隐约可见 5 室子房（图 02），籽却是不定

图 02 枇杷果实

数。也许是因为品种的缘故，早已看不出乐器琵琶的样子，一些果实呈梨形的倒是很像——这是我听说过的，流传较广的关于枇杷名字由来的说法。

但也有观点认为，枇杷的名字是来源于琵琶演奏方式，如汉代刘熙的《释名·释乐器》："批把本出于胡中，马上所鼓也。推手前曰批，引手却曰把，象其鼓时，因以为名也。"又因为这类乐器多由木头制成，故也写成枇杷。

事实上，最初琵琶的形制跟现代琵琶不同，古代琵琶是圆形的，晚出的琵琶是梨形的，水果枇杷与乐器琵琶在形状上相似或许只是一种巧合。虽说"枇杷"一词最初用来指代过乐器琵琶，但是到后来，"琵琶"作为乐器的名字逐渐得到确定，而"枇杷"则逐渐演变成水果的名字。除了读音一样外，两词在书写方面已经不会引起误会了。

2. 好吃的枇杷竟然是一种"假果"

枇杷（*Eriobotrya japonica*）是蔷薇科枇杷属的模式种。枇杷属植物约有 30 种，均分布于东亚的温带至热带地区，是典型的东亚分布属，我国约有 14 种。枇杷如今在我国南方大部分省区以及日本、东南

亚均有栽培，但野生种主要分布于重庆南川县和湖北宜昌。

枇杷所在的蔷薇科是一个名副其实的"水果大科"，为我们提供了大量美味可口的水果，如桃、李、梅、杏、樱桃、苹果、梨、山楂、草莓等均来自这个家族。蔷薇科是一个比较大的家族，传统分类学家根据花和果实构造的不同，将其划分为四个亚科，分别是绣线菊亚科（蓇葖果）、蔷薇亚科（瘦果）、苹果亚科（梨果）和李亚科（核果）。

位于苹果亚科的枇杷就是一种典型的梨果，果皮是由花托与子房壁愈合，共同发育而来。相对于单纯由子房发育而来的"真果"，枇杷这样的梨果就是所谓的"假果"了，因为在果实发育过程中有子房以外的结构——花托的参与。

需要说明的是，按照较新的系统学研究，传统的蔷薇科四亚科的划分方式其实是很"不自然"的，无论是叶绿体还是 DNA 序列的结果都不支持基于果形界定的亚科，取而代之的是仙女木亚科、蔷薇亚科和桃亚科三亚科系统，传统的苹果亚科降为苹果亚族并被并入桃亚科。

3. 听说枇杷能治病？

不知吃过枇杷的你有没有仔细观察过，每个枇杷果子内有五个"小室"，这便是"子房"的所在，每个小室内通常有 1 枚种子。与薄薄一层果肉相比，枇杷种子的比例似乎有点过大，以至于让部分吃客产生了想吃枇杷种子的想法。

枇杷种子到底能不能吃呢？实际上枇杷种子里含有苦杏仁苷，进入体内后会被水解，产生剧毒的氢氰酸（HCN）。这是枇杷种子的一种自我保护措施，用以毒杀贪吃的昆虫和其他小动物。好在苦杏仁苷的含量和转化效率均有限，且氢氰酸能够被人体代谢，故一般没有中毒的风险。虽然不致命，但是最好也别吃。

枇杷叶中同样含有苦杏仁苷，从中转化而来的氢氰酸，能麻痹、抑制呼吸中枢系统，从而起到平喘、止咳的作用。一些止咳药宣称的

"润肺化痰、止咳平喘"的疗效真相大多是如此。

4. 冬季开花为哪般?

枇杷是一种常绿阔叶的小乔木,冬季开花(图 03),次年初夏果实成熟。这是一种极其反常规的操作。因为冬季开花的话,能为它传粉的昆虫就非常少了,传粉失败的话,就很难结出美味的果子(当然有些枇杷品种自交传粉也是可以结果的)。因此,枇杷的优良产区主要还是在冬季比较温暖的南方。

枇杷树四季常青、大而革质的叶片、冬季开花次年果熟的节律都暗示着它热带起源的身份。当然,枇杷树对低温的适应能力还是非常好的,冬季短暂的零下 10 度都不是问题。因此,在很多地方即便结不出果实,用来欣赏也是不错的。

图 03 枇杷花序

图 04 枇杷叶背绒毛

枇杷树小枝、叶背、花序和果实均不同程度地被毛(图 04)。这些细密的绒毛可以缓冲压力,阻碍毛虫蠕动,是常见的防范措施。但这些绒毛也成了一些人的过敏原,所以我们在采摘和食用枇杷的时候,应注意规避。

(作者:李晓晨)

板栗

藏在毛刺球里的美味坚果

天气越来越冷了，没有什么是比窝在家吃美食更令人享受的事情了。软糯香甜的板栗烧鸡或许是这个时节最令人满足的美食，香糯可口的板栗搭配着滑嫩且有弹性的鸡肉真是人间美味。感谢第一个发明这道菜的吃货！顺便也让我们了解下能与鸡肉平分秋色的板栗吧。

1. 树上的板栗长啥样？

板栗，在分类学上归属于壳斗科栗属，是一种高大乔木，最高可达 20 米。互生的单叶具有羽状叶脉，而比较特殊的是叶脉在叶子边缘都伸了出去，形成了芒状的尖突（图 01）。

板栗的花则是单性的，在整个花序轴的上部都是雄花，密集的雄花形成了一个穗状花序，在花序的基部，3 朵左右的雌花聚集在一起（图 02），被一个壳斗包被。这个壳斗是总苞的一种，也是壳斗科得名的原因，该科植物的雌花序外都由这样的总苞包裹着。

板栗的壳斗在雌花授粉之后不久就开始在外壁上长出许多刺状结构，而且刺的密集程度随着壳斗的增大而增多。壳斗 4 瓣开裂，其中发育成熟的褐色果实就是我们所吃的板栗了（图 03）。我们在市场上买到的栗子，一般呈半球形或者扁圆形，通常两三个堆在一起能形成一个球形，和壳斗的内壁相贴合。这些都是从壳斗中取出来的果实，

图 01 板栗叶缘的芒状突尖

图 02 板栗的花序

图 03 开裂的板栗

而剥下来的壳斗则不具有实用价值，自然不会出现在我们的市场里。

2. 浑身都是宝

板栗适应性非常好，因此在我国大江南北均有广泛栽培，而不同的气候和水肥条件，反过来也影响了板栗的形态、果熟期、果实及木材品质。根据吴耕民的《栗枣柿栽培》记载，可将栗树分为华北与华中两个大品种群，在其下又可分为若干小品种群，且各自又包含了不同的优良品种。

板栗在我们国家有着悠久的栽培历史，据《中国植物志》考证，关于板栗的记载最早见于《诗经》，里面使用的是"栗"这个名字，也因此，《中国植物志》就将"栗"作为板栗的中文正式名，而将"板栗"这个名字列为中文俗名。

板栗的可利用部位非常多，套用一句俗语就是：浑身都是宝。果实可以食用自不必说，板栗的木材质地优良，是非常好的木材提供者，同时板栗的叶子还可以养蚕——当然，这种蚕并不是我们日常见到的食用桑叶的家蚕，而是另一种叫做柞（zuò）蚕

图 04 柞蚕

（*Antheraea pernyi*）的蚕类（图 04），这种蚕喜欢食用壳斗科的栎属（*Quercus*）和栗属植物的叶子。

3. 一个悲伤的故事

板栗所在的栗属是一个小属，成员数量不多，全世界不到 20 种，其中在中国分布的约为 4 种。我们的近邻——日本，也有着吃栗子的悠久传统。不过板栗是中国特有种，日本人自然很难吃到，他们

图 05 采摘美洲栗

主要食用的栗属植物是日本栗（*Castanea crenata*）。这是一种分布于日本诸岛和朝鲜半岛的物种，中国于 1910 年引入栽培，主要集中在东部沿海地区。日本栗不只在日本大受喜爱，还曾经漂洋过海，并且差点将大洋彼岸的堂兄弟——美洲栗（*Castanea dentate*）（图 05），彻底在北美抹杀。

1904 年以前，北美大陆上分布着数以亿计的美洲栗，它们是北美森林的重要成员。随着日本栗的到来，美洲栗开始大批量的死亡。这种状况持续了几十年，北美的植物学家花了很长的时间才搞清楚，造成美洲栗死亡的罪魁祸首是跟着日本栗一起来的一种真菌。

日本栗天生具有对这种真菌的抗性，所以在真菌的威胁下安然无恙，然而美洲栗和它的东亚亲戚分别太久并不具有抵抗力，所以被真菌感染的个体几乎无一幸免，为了保护美洲栗，植物学家们想尽办法，最后想到了通过利用东亚栗类和美洲栗杂交，使得杂交后代获得抗性的方法，成功地让美洲栗生存下来。但是，杂交个体不可避免地带有外来的基因，纯粹的美洲栗已经只有很少的个体了。在最近的国际自然保护联盟（IUCN）的评价体系中，它们已经成为一个极危（CR）物种。

4. 地上的栗子别乱吃

在欧洲许多城市，每到秋冬季来临，经常能看到满地的"栗子"，但没有人去捡来吃，这让不少过往的中国游客扼腕叹息！然而，这种"栗子"真的就是我们熟知的板栗吗？答案是：当然不是啦！

如果仔细观察这种栗子，可以发现树上的叶子不像板栗树的叶子那样是一枚单叶，而是一枚由 5 ~ 7 枚叶子构成的掌状复叶，并且"栗子"的外壳并没有像板栗的总苞那样密布尖刺，而是只有少量的短刺。

其实，这种栗子是欧洲七叶树（*Aesculus hippocastanum*）的种子（图 06）。欧洲七叶树在欧洲城市是一种极其常见的绿化树种，它的种子俗名马栗（horse chestnuts），被证实含有大量的七叶皂苷和一些生

图 06 欧洲七叶树果实

物碱，食用后会刺激肠胃，损害中枢神经，导致上吐下泻，甚至抽搐麻痹！目前，这种树也被引入我国不少城市。下次再遇到落在地上的"栗子"，请大家不要乱吃哦！

（作者：卢元）

枣

吃过那么多年枣，也没见过这样的天价枣核

现代人民生活水平大有提高，吃水果早已不是一件奢侈的事情，不论身处何方，大部分常见水果都可以随心购买。不过市面上的常见水果其实很多并不是中国原产，如果不是社会发展，使得植物可以在不同的地域之间轻松交流，那么想要吃到这么丰富的水果也就不那么容易了。但是本文的主角 —— 枣，却是地地道道的中国原住民。

1. 大枣：典型的核果

枣（*Ziziphus jujuba*），通常也被称为枣树，是一种落叶小乔木（图01），偶尔有一些个体会呈灌木状。枣的身上通常有托叶刺，不过这些刺在年老的枝条上常常就脱落了。枣的叶子通常卵形，基生三出脉。五基数，黄绿色的两性花（图02），花梗很短，正面几乎看不到。

不过，不论花、叶还是枝条，对大众来说都会稍显陌生，毕竟生活在城市中的人对枣的认识更多还是集中在它的果实上。矩圆形的一枚枚核果（图03），拥有肥厚香甜的中果皮，确实会让人们垂涎欲滴。

果实内部有一枚中部鼓起、两头收尖的果核，一般被称作枣核，枣核坚硬的部分是枣的内果皮，因此枣核并不是枣的种子，而是种子和内果皮的合体。果实表面光滑的那层就是枣的外果皮，在成熟之前通常是

图 01 枣树

图 02 枣花

图 03 枣

青绿色的,且不易与中果皮分离。在果实成熟,并且被晒干后,就比较容易剥离了。

2. 你喜欢怎么吃枣?

枣的果实香甜可口,而且拥有很多样的吃法。果实未完全成熟时直接摘下生食,酥脆香甜,且一般没有异味或不适感;另外,还可用蜜糖腌渍,制成蜜饯等甜品。

成熟的果实通常晒干后生食，或者采用不同的做法加工食用，比如煮粥、制作枣泥、枣糕等。另外，枣也可以用于酿酒、酿醋。成熟的枣烘干后又可以与不同的干果搭配，做成零食。

总之，人们对于枣的食用方法可谓是层出不穷。也正因为大枣广受欢迎，所以枣树在我国有着大面积的栽培，海拔 1700 米以下的区域几乎均有枣树的身影。

3. 你所不知道的枣家兄弟

枣作为一个物种，其下还有一些种下等级，除了枣的原变种（*Z. jujuba* var. *jujuba*）之外，还包括 2 个变种和 1 个变型。两个变种分别是无刺枣（*Z. jujuba* var. *inermis*）和酸枣（*Z. jujuba* var. *spinosa*），1 个变型是葫芦枣（*Z. jujube* f. *lageniformis*）。

其中，无刺枣与枣最为相似。唯一的区别在于无刺枣浑身无刺，采摘果实的时候不用担心被扎到，其栽培量也较大。

酸枣则通常为灌木，刺较茂盛，叶子与果实的大小均较枣（原变种）小一些。而且酸枣的果实一般是近球形（图 04），果皮非常薄，味道也以酸味为主，因此食用价值稍差，通常以制作果酱等加工食品为主，主要分布在较干燥的北方地区，以野生为主。

图 04 酸枣果实

至于葫芦枣，顾名思义，其果实呈葫芦形（图 05）。这个变型栽培较少，仅在北方少数地区有栽培。

无论枣的原变种还是其他两个变种，它们的开花量都非常大，且有丰富的蜜腺分泌花蜜，因此它们也都是重要的蜜源植物。

枣树在中国有着悠久的栽培历史，在传承的过程中形成了完善的栽培技术体系，并且发展出了许多不同的栽培品种。据《中国果树志——枣卷》的记载，我国曾经栽培过的品种多达700个，而枣同时也彻底地融入了人们的生活当中。

在文化上，有不少关于枣的成语，比如大家较为熟悉的"囫囵吞枣"；在民俗上，部分地区

图 05 葫芦枣

举行婚礼时，人们要给新人送上枣、花生、桂圆和莲子，取谐音"枣生桂子"（早生贵子）。而在文玩市场上，酸枣的果核也占据一席之地，是一种常见的菩提子；另外，大果枣（*Z. mairei*）的果核被称为"莲花菩提"，埃塞俄比亚枣（*Z. abyssinica*）的果核则被称为"凤眼菩提"，均是文玩界比较少见的高级货，品相好的已经被炒到天价。

市场上销售的各类"枣"，除了枣的品种外，另有一类被称为台湾青枣的商品，这是对经由滇刺枣（*Z. mauritiana*）选育而来的品种的总称。不同的品种口味甘甜，不只适合食用，还可以做成各种造型的盆景，受到很多人的喜爱。

4. 得了枣疯病，一个传染俩

时至今日，在我国广大农村的庭院内，时常能见到人们自己栽种的枣树。虽然栽种枣树现在看来已经不算什么有难度的事了，不过对枣树的管护还是需要多加注意，因为枣树经常会感染一种"枣疯病"

图 06 枣疯病植株

（图 06）。这种病主要是由微生物感染引起的，传播途径主要是媒介昆虫侵染或者人工嫁接。

目前，没有什么特效治疗的方法，发病后一般只能采取铲除病株的方法来防止感染扩散。病株通常翌年不结果，故而这种受感染的枣树被果农称为"公枣树"。一旦大面积爆发此病，我们也许不得不花更高的代价去吃枣了。

（作者：卢元）

大叶冬青

只闻苦丁茶，真身却是它？

对于从小就开始喝茶的人而言，非茶叶泡成的饮品应该也见识得多了，像金银花、枸杞、红枣、决明子、绞股蓝、罗汉果、柚子皮等不同植物泡出的茶水在我们生活中也很常见。这其中，有一种叫"苦丁茶"（图 01）的东西甚得国人欢心，但可能很多人只听过苦丁茶，却不知道苦丁茶究竟是什么植物。

图 01 苦丁茶干茶

1. 大叶冬青，花小色淡但果实惊艳

其实苦丁茶是出自一种名为大叶冬青的植物，这种长相看上去十分粗犷的大叶子，如果你第一次见，肯定想不到它竟然也能用来泡茶喝。大叶冬青（*Ilex latifolia*）所在的冬青科是一个单属科，仅含冬青属这一个大家族，全球约有 400 ~ 500 种，广布于南、北半球的热带至温带地区，且以中、南美洲和亚洲热带种类最多。我国冬青属约有200 余种，主要分布在冬季相对温暖湿润的南方省区，除少数种类冬季落叶外，大部分种类均是四季常绿的乔木或灌木。

大叶冬青是一种四季常绿的大乔木，树干挺直，叶片呈长矩圆形，

图02 大叶冬青雄花

墨绿而光亮，质地坚硬，叶缘有明显的锯齿。春季从小枝叶腋开出成簇的黄绿色小花（图02），花四基数（花瓣和雄蕊均4枚），但雌、雄蕊常由于功能败育而从正常的两性花变为单性花，即雄花的雄蕊正常，但子房萎缩不育，不能结果，雌花则恰恰相反，子房正常发育，但雄蕊退化，失去传播花粉的功能。为尽量避免自花传粉，大叶冬青雌、雄花常生长在不同枝条上，开花时没有太大的观赏价值，但胜在量大，盛花时有淡淡的香气，常招引不少蜜蜂前来采集花粉。

观赏大叶冬青最好的季节是秋、冬季节，当果实全部转为鲜红色后，尤其是在一场大雪过后，满树红果点缀在白雪之下，尤为美艳动人（图03）。大叶冬青观果期很长，可从9月中下旬一直到次年1月，且生性强健，可耐移植，萌芽力较强，极少受蚧壳虫危害，另外还耐干旱瘠薄，耐零下低温。综合来看，大叶冬青是一种极其优秀的乡土观果植物，可向长江以北地区推广应用。

除了大叶冬青，冬青属中还有许多种类均可用来观赏，它们大多具有四季常青的革质叶片和秋冬季鲜红色的果实，目前园林中常用的还有枸骨（*I. cornuta*）及其品种无刺枸骨（*I. cornuta* 'Fortunei'）、枸骨叶冬青（*I. aquifolium*）、冬青（*I. chinensis*）、铁冬青（*I. rotunda*）等。这类植物常年叶片长绿，花小且为黄绿色，就算开花也吸引

图 03 大叶冬青果实

不了人们的注意，基本属于没人注意的背景植物，但果实成熟后，鲜红色的果实常给人眼前一亮的感觉。

2. 苦丁茶，多种来源的树叶茶

苦丁茶是一种在民间被广泛饮用的植物药茶，在我国已有2000年的饮用历史。在古代典籍中多称为"皋〔gāo〕卢""瓜卢""苦蹬〔dēng〕"，被奉为药、饮兼用的佳品。据东汉《桐君录》记载："南方有瓜卢木，亦似茗，至苦涩，取火屑，茶饮，亦可通夜不眠。而交广最重。"另外，唐代陈藏器的《本草拾遗》也记载："皋芦，叶味苦，平，作饮止渴、除痰、不睡、利水、明目。出南海诸山，叶似茗而大，南人取当作茗，极重之。"那么，被古人看重的"皋芦"是今天的哪种植物呢？

遗憾的是，古人对植物的描述不像如今的植物志那样细致入微，流传下来的只有只字片语的寥寥介绍。如唐代陆羽《茶经》："瓜卢木出广州，似茶，至苦涩。"唐代《海药本草》："皋卢，状若茶树，叶阔大，无毒……"又有清代《高要县志》："苦蹬，树高数丈，叶似批把，甚苦，南中杂凡茶烹之。"从这些古籍的描述中我们可以推测，古代的苦丁茶树是一种原产两广一带、叶片似枇杷树的大叶子乔木，作茶饮味道非常苦涩。

而如今在我国各地所用的苦丁茶植物原材料却有着非常大的差别，主要分为两大类：一类是以冬青科冬青属植物为主的大叶苦丁茶，如华东地区使用的大叶冬青、两广及海南地区使用的苦丁茶冬青（*I. kudingcha*）（本种已并入扣树［*I. kaushue*］和古代文献中记载的枸骨）；另一类是以木樨科女贞属及近缘属种为主的小叶苦丁茶，主要见于西南地区，如丽叶女贞（*Liqustrum henryi*）等。

3. 苦丁茶，哪种更正宗？

根据古籍描述，很明显，大叶苦丁茶才是真正的苦丁茶，源植物主要是大叶冬青和苦丁茶冬青。但这两种冬青形态十分接近，区别仅在于幼枝是否具柔毛、雄花序单个分枝小花数量、果实大小、果核皱纹等微观形态上的差别，一般人不仔细看，基本上无法轻松区分这二者。更别谈用茶叶的形态判断定种了，因为制作苦丁茶主要使用的是花期前的嫩芽和刚展开的新生叶。

除了微观形态上的差异，这两者在产地上也有明显的差异。大叶冬青主要原产于我国长江以南的湖北、浙江、安徽、江西、福建等省，而苦丁茶冬青主要分布两广、海南及云南、四川南部。华东地区普遍认为大叶冬青做的苦丁茶最正宗，而华南地区则认为苦丁茶冬青最正宗，因此苦丁茶基本就是按照就地取材的传统习俗来的。

目前，关于两者的化学成分差异还未见有靠谱的论文分析，不过根据"同科同属的植物在化学成分上也是相近的"这一普遍规律，推测二者最多就是有一些口感、风味上的微小差异。因此，一般人也不会去较真自己所喝的大叶苦丁茶到底源自哪种冬青，只要知道是苦丁茶就好了。至于到底哪家的苦丁茶更正宗，无非是一个商业品牌的争论，只要你喝得开心就好。

（作者：莫海波）

豆腐柴

可以做成豆腐的神奇树叶

说到豆腐，大家都不陌生，这种白白嫩嫩、口感绝佳的传统食物可谓是老少皆宜。不过在我国华东地区，民间有一种被称为"观音豆腐"的小吃，它外观像翠绿色的豆腐或果冻，如翡翠般晶莹剔透（图01），不过这种弹性十足的"豆腐"可不是用豆子做的，而是来自一种长相十分普通的乡土植物。

图 01 神仙豆腐

1. 富含果胶的另类豆腐

观音豆腐的原料实际上取自一种植物的叶片。在华东地区，该植物通常就叫作豆腐柴（*Promma microphylla*），也有些地方称为观音草，是属于唇形科（曾为马鞭草科）豆腐柴属的一种多年生落叶灌木（图02），高达 2～6 m，生长期每年 3～11 月，叶呈椭圆形，花冠淡黄色，核果倒卵形至近球形，熟时紫黑色，花果期 5～9 月。由于叶片散发着一股不太好闻的草木气味，故又有臭黄荆、腐婢的别名。豆腐柴适宜生长于微酸性至酸性土壤，主要生于海拔 500～1000 m 的林缘、林下、灌木丛中，广泛分布于我国华东、华中、华南、四川、

图 02 豆腐柴

贵州等省区。

豆腐柴是一种兼具营养价值和药用价值的野生植物。通过营养成分分析，我们发现其叶片富含果胶、粗蛋白质、可溶性蛋白质、食物纤维、叶绿素，以及丰富的淀粉、糖类、矿物质、维生素和多种氨基酸。采其嫩叶制作成的豆腐，清凉解热，嫩滑爽口，具有独特的风味，是人们夏季避暑解渴的理想小吃。

观音豆腐历史悠久，关于它的来历有不同说法，不过可以肯定一点：它是由我国百姓的生存智慧创造出来的，在饥荒年代，它是可以充饥果腹的山野杂食。民间认为它是来自观音菩萨或天上神仙的恩惠，因此便称这种豆腐为"观音豆腐"或"神仙豆腐"。

2. 观音豆腐的制作方法

从原始时期的自然谷物到如今餐桌上的丰盛饕餮（图 03），人们对于美食的探求从未停止。像观音豆腐这份隐藏在广袤乡野的美食，

图 03 红烧神仙豆腐　　　　　　　　图 04 制作神仙豆腐

是大自然赐予人类的礼物，虽然鼻尖香味渐行渐远，但因为渗入了乡情的味道，每年这个时节，它总能勾起无数游子的思乡情愫和满满的童年回忆。

　　看了诱人的美食照片，我们不妨来学习观音豆腐的制作之法（图 04）！其实工序很简单，从制作到成型，整个过程半小时左右即可搞定。

　　（1）采摘新鲜叶片。每年农历 5—10 月间即可上山采摘豆腐柴的叶子。须采不太嫩也不太老的叶子，否则会影响豆腐的质量。

　　注意：采摘地点应选择无三废污染之处，确保叶子来源干净、卫生、无污染。另外，如果不会认植物的话，千万不可贸然采摘，以免误采了别的有毒植物。

　　（2）漂洗。叶片采来后，应择去叶中夹带的杂质，放于筛箩里漂洗干净，再沥干水渍备用。

　　（3）配制草木灰。可选用农家灶台下的草木灰，按 1∶8 的比例加水搅拌配制。搅拌均匀后让其静置沉淀。沉淀后再将沉淀过的草木灰用布巾过滤。滤去灰渣，留取纯草木灰水备用。

　　（4）开水冲泡。先烧一大锅开水，将沥干的豆腐柴叶倒入木桶中，按 1 斤叶子 5 斤开水的比例往桶里冲入开水浸泡，浸泡 3 分钟即可捞起。浸泡时，木桶上不需盖盖板，让蒸气挥发，否则柴叶会变黄，影响豆腐的色泽。

（5）挤压过滤。置一木桶，木桶上搁一淘架，淘架上放一淘篮，篮里摊块大纱布，将浸泡后的豆腐柴叶倒入白纱布里，然后将白纱布的四角归拢成圆球状，用双手反复搓揉挤压，直至挤压出绿色汁液。头遍挤压后，掀开白纱布，再用凉开水冲洗搅拌，复又归拢成圆球状挤压出第二遍汁液。在挤压第二遍时，应按饮食习惯控制用水，如需豆腐嫩些可多加点水，老些就少加点水。

（6）静置凝固。汁液过滤到木桶里后，再按 10∶1 的比例加入配制的草木灰水并搅拌均匀，静置 10～15 分钟即可凝固成绿嫩的豆腐。

（7）成品检验。豆腐成品好不好，检验的标准为豆腐中有无草木灰渣与柴叶残渣。两渣均无，视为合格。

做成功的观音豆腐一般可直接凉拌食用，喜欢咸口的可以加蒜末、酱油，喜欢重口的可以再加香醋、辣椒、麻油等，喜欢甜口的可以加入糖浆、果粒、芋圆随心搭配，做成甜食冷饮。炎炎夏日吃上几口，冰冰凉正好解暑。

（作者：莫海波）

杨梅

夏至杨梅满山红

"冬花采卢橘，夏果摘杨梅。"杨梅登场的时节，那圆润润、紫艳艳、水津津的杨梅惹人眼目，撩人品尝。

最早知道杨梅还是在小学语文课本里，那会儿完全不知道杨梅是个什么东西，但是课文里关于杨梅滋味的描写却给幼小的我留下了深刻的印象。文中说，杨梅吃起来又酸又甜，但是吃多了会酸倒牙，最后连豆腐都咬不动了！这种奇妙的吃水果体验，对于生长于北方的我可是完全无法想象的。

那会儿虽然吃不到新鲜杨梅，但有种名叫"九制杨梅"的果脯还是随处可以买到的。经过糖渍的杨梅缩成一颗颗小黑球，味道也酸甜可人，且价格便宜，它一度成为我小时候最喜爱的零食之一。

1. 分公母的杨梅树

在植物分类学上，杨梅是隶属于杨梅科杨梅属的一种常绿乔木。叶片长椭圆状倒卵形，表面深绿色，有光泽，质地较硬。杨梅的果实大家都非常熟悉，成熟时红紫相间，煞是好看（图1）。但是杨梅开花却鲜有人注意。杨梅的花为适应风力传粉的单性风媒花，无花被片，且是雌雄异株的（图2、图3）。也就是说，想要杨梅树结果，首先你得保证它是一棵雌树，而且周围还要有雄树才行。大规模种植的杨梅

图 01 杨梅果枝

图 02 杨梅雄花序

图 03 杨梅雌花序

果园里，一般是要配 1% ～ 2% 的雄树才行。

根据最新的分子生物学分析，杨梅科的属种结构有所调整，杨梅从原来的广义杨梅属（*Myrica*）调整到狭义的杨梅属（*Morella*），因此杨梅的学名也从 *Myrica rubra* 更新为 *Morella rubra*，而调整后的 *Myrica* 的中文属名更改为"香杨梅属"，仅包含原产欧洲和北美的杨梅属种类。

2. 让北方人艳羡的水果

作为土生土长的国产水果，杨梅在我国栽培食用历史已有两千多年。在长沙马王堆西汉古墓中就已发现盛有杨梅的陶罐。杨梅比较怕冷，长江以南常见，最早记载杨梅的古籍里都有提到。两次出使南越的西汉谋臣陆贾在《南越纪行》中说："罗浮山顶有湖，杨梅山桃绕其际。"东方朔《林邑记》里也有说："林邑出杨梅，其大如盂椀，青时极酸，既红味如崖蜜。"林邑即为现在越南一带。

图 04 杨梅果实剖面图

杨梅的果是核果，可食用部位是肉质的外果皮，再具体一点就是它外果皮上的衍生物——外果皮外层细胞柱状突起所形成的柔软多汁的组织（图 4）。杨梅果肉半熟不熟的时候很酸，但熟了却又不耐储存。古代物流不发达的时候，北方人大多数时候只能吃到腌制的杨梅，就像我小时候一样。

3. 杨梅里的小白虫能不能吃？

吃杨梅最好的办法当然是鲜食。可是，杨梅的果肉直接暴露在最外层，缺少防护，因此特别招虫子喜欢。其中最常见的就是杨梅蛆，俗称"小白虫",一想到蛆这种令人作呕的虫子会随着果肉一起在齿间爆浆,大多数人可能都没法好好享用酸甜多汁的杨梅了。

但是,杨梅蛆虫主要是果蝇的幼虫。果蝇可比苍蝇干净多了,因为这类蝇虫主要是植食性的,而且果蝇的幼虫就出生在杨梅果肉里,可以说跟杨梅果肉一样干净。由于目前也没有更好的杀除方法,所以我们能做的就是在吃之前拿盐水泡一会,虫子自然会被泡出来。

4. 好喝的杨梅酒不要贪杯

新鲜杨梅如果来不及吃掉,也可拿来酿酒。做法很简单,只需要三样原材料:

(1)新鲜杨梅(不用洗,洗过之后有水,会影响杨梅酒的口味。另外,虫子反正会被酒精杀死,也不会影响口感);

(2)白酒(只要是酒精度数较高的就行,比如便宜又好喝的二锅头);

(3)冰糖少许(掩盖杨梅的酸味,增加杨梅酒的甜度和风味)。

将以上材料装进消过毒的玻璃瓶,白酒完全淹没杨梅(杨梅不要放太多),盖紧,放进冰箱!约一个月后,玫红色的清香杨梅酒就酿成啦。不过,给大家提个醒,杨梅酒虽然好看又好喝,但千万不能贪杯!喝上去感觉没有太烈的酒味,还甜甜的,但实际度数比较高,一不小心就喝醉了。

(作者:莫海波)

櫻桃

櫻花開完結櫻桃嗎?

如今,水果市場上常見的櫻桃品種多為"美國大車厘子"(圖01)。這種櫻桃是否就是春天欣賞的某種櫻花結的果子呢?所有櫻花開完都能結出美味的果子嗎?要弄清楚這些問題,我們先要理清櫻花與櫻桃的概念及其關系。

圖 01 車厘子

1. 什么樣的植物算"櫻花"?

櫻花與櫻桃其實是我們生活中兩個常用的比較籠統(指代不清)的概念,均是對某一類植物的泛指。在植物學中,櫻花與櫻桃均對應着多種植物,不過它們同為薔薇科櫻屬這個大家族的成員。

在櫻屬家族中,有些種類因為花開得賞心悅目而獲得了人類的青睞,經過上千年的不斷選育,形成了今天豐富多彩的櫻花資源。因此,"櫻花"這一概念不是專門指某一種植物,而是泛指許多花朵美麗的、具有觀賞價值的櫻屬植物。總之,顏值高才能被選入櫻花的行列。常見櫻花品種有:河津櫻、大寒櫻、染井吉野櫻(東京櫻花)(圖02)、日本晚櫻品種等。常見原生種櫻花種類有:鐘花櫻桃(寒緋

图 02 东京樱花

图 03 钟花樱桃

樱)(图 03)、大岛樱、大叶早樱(江户彼岸樱)、山樱花等。

2. 樱花结不结果？

可以结！也可以不结！通常情况下，一些单瓣品种相对容易结实。但至于开一次花能结多少果、结的果好不好吃就又是另一回事。总之，入选樱花阵营的资格凭的不是果，而是花。

如今常见栽培的樱花已经高度园艺化（大部分是杂交品种的后代），因此许多品种基本丧失了有性繁殖（通过传粉授精并正常结果的方式来繁殖）的能力，不过，有一些能正常结果的樱属成员也被纳入"樱花"阵列。比如，原产我国的钟花樱桃（也叫福建山樱花、寒

图 04 迎春樱桃

绯樱）、迎春樱桃（图 04）、高盆樱桃（也叫云南冬樱花）等。因此樱花的概念与这种植物是否叫"某某樱桃"无关。一句话，花好看就是王道！但总的来说，以赏花为目的的樱花，通常要么结实性不佳，要么果实味道酸涩，无法下咽。

3. 什么样的植物算樱桃?

在樱属成员里，有一些种类可以结出果肉饱满且味道甜美的果实，成为我们生活中让人垂涎三尺的"樱桃"。这其中常见的并为我们所知的种类并不多，目前看仅有三个樱属成员荣幸入选。

（1）樱桃（*Cerasus pseudocerasus*），又叫中国樱桃（图 05）。小乔木，叶、果光滑无毛。花小、淡粉色，早春二三月间开花，有一定观赏价值。在我国栽培历史悠久，以华中、华北、西北、华东地区较多。

（2）欧洲甜樱桃（*Cerasus avium*），流行叫法为"大樱桃""车厘子""西洋樱桃"，是欧美的主要栽培品种。它花大，雪白，花萼向后反折，花叶同放。果实较大，成熟后颜色深红至紫红。目前在我国东北、华北、华东地区种植较多。

（3）毛樱桃（*Cerasus tomentosa*）（图06），常为小灌木，叶、幼枝、果均被毛。花小，单朵着生于枝条上，无花梗（果梗）。常见于我国东北、华北地区。

4. 樱花和樱桃有什么关系？

我们现在已经基本理清了樱花和樱桃各自对应的两个阵营：樱花阵营和樱桃阵营。（见表01）

表01　两大阵营

	樱花阵营	樱桃阵营
原生种	大岛樱 豆樱 丁香樱 霞樱 大山樱 山樱花 大叶早樱（江户彼岸樱） 黑樱桃 钟花樱桃（寒绯樱） 毛樱桃 欧洲甜樱桃（大樱桃、车厘子）	樱桃（中国樱桃） 毛樱桃 欧洲甜樱桃（大樱桃、车厘子）
杂交品种	染井吉野樱（东京樱花） 河津樱 大寒樱 大渔樱 修善寺寒樱 椿寒樱 日本晚樱系列 ……	

图 05 中国樱桃

图 06 毛樱桃

图 07 泰山香樱花枝

图 08 泰山香樱果枝

有人会问：咦，怎么欧洲甜樱桃、毛樱桃同时出现在"樱花"与"樱桃"两大阵营里？其实很好理解，因为欧洲甜樱桃、毛樱桃不仅花美，果也好吃——当然了，必须承认，它们在观花方面略逊色于其他樱花种类。

最后总结一下：樱花和樱桃的关系并没有这么严格，比如，樱桃虽然一般不作为观赏用，但是由樱桃选育出的品种——泰山香樱（图07、图08）就是一个既能观花又能吃果的好品种。但像这样能"两全其美"的品种太少，大多数观赏用的樱花都不能结出美味的果子，能作为樱桃食用的就只有那么屈指可数的三种。

（作者：莫海波）

— 薜荔 —

记忆中的木莲豆腐，那才是夏天的味道

图 01 木莲豆腐

暑热蒸腾着大地，聒噪的蝉鸣此起彼伏。在烈日的炙烤下，仿佛连食欲都快消失殆尽，此时人们心里只想着如何才能凉快一点。在空调、冰箱还没普及之时，江浙一带聪明灵巧的劳动人民发明了一道清凉消暑的小食 —— 木莲豆腐（图01）。如今，它已成为许多人念念不忘的思乡美食和童年回忆。

1. 此木莲非彼木莲

木莲豆腐，取材于一种南方乡野常见的植物 —— 薜荔的果实，而非豆类。因此它不算是真正的豆腐，倒更像是凉粉。薜荔（*Ficus pumila*）又名木莲、木馒头、鬼馒头，为桑科榕属一种常绿的藤本植物（图02），常攀附岩石、峭壁或树干而生，产于我国长江流域及其以南大部分地区。

古时称薜荔为木莲，是对其外形的一个叫法，并非现今的木兰科植物木莲。薜荔虽然是藤本植物，但茎干呈木质化，而果实的形状尤

图 02 薜荔植株

如莲蓬（图 03），里面生满种子，由此得名"木莲"。

图 03 薜荔果序

薜荔叶片有两种形态，在结果枝和不结果枝上呈现出大小迥异的形态（图 04）。初生的不结果枝条常具有不定根，可以轻松攀爬于各种墙壁树干之上，其上的叶片较小，仅长 2 ～ 3 厘米。而结果枝却无不定根，叶片也逐渐增大变形，呈卵状椭圆形，在夏末秋初之际结出果实。

薜荔的花藏在膨大成小笼包似的肉质花托内部，植物学上称为"隐头花序"（图 05）。只有剖开花序，才能看见小花真正的模样。这种外表看起来似乎没有花，但是却能结果的有趣现象，是所有桑科榕

图 04 薜荔营养叶（下）和繁殖叶（上）

图 05 薜荔的隐头花序

属植物的一个共同特征，其中比较著名的种类还有无花果、菩提树及各种榕树等。

2. 能做凉粉的薜荔果

薜荔果有两种形态，分别呈现在不同植株上：雄株上结的瘿花果呈梨形，而雌株上结的雌花果则近球形，底部扁平，呈馒头状，所以也有"馒头果"的别称。清吴其濬《植物名实图考》称："木莲即薜荔，自江而南，皆曰木馒头。俗以其实中子浸汁为凉粉，以解暑……"在果实尚青时，将薜荔籽挖出来，浸泡在水中。由于种子富含果胶，果胶被揉搓、释放出来后会凝固成冻状，可以用来做凉粉解暑。大别山地区称之为"斋粑"，而在江浙等地人们则更喜欢称之为"凉粉果"或者"木莲豆腐"。加糖水之后，木莲豆腐冰凉爽口、消暑适口。

在台湾、福建等地，薜荔还有一个变种，称为爱玉子（*Ficus pumila* var. *awkeotsang*）。其同样以种子制作凉粉，与木莲豆腐如出一辙。加冰并加蜂蜜、柠檬等调味品后，美其名曰"爱玉冰"，是台湾至今仍非常流行的特色冷饮。

3. 古代的"薜荔"竟然是一种香草

"薜荔"之名，始见于战国时期屈原的作品，《九歌·山鬼》中有"若有人兮山之阿，被薜荔兮带女萝"的诗句。这里描绘了一位美丽又婀娜的山鬼，她巧笑嫣然，身披薜荔，腰束女萝。这是多么明艳动人的画面。然而仔细一想，把薜荔披在身上，真的有那么美吗？

另外，在他的千古绝唱《离骚》中亦出现了"薜荔"："擥木根以结茝兮，贯薜荔之落蕊。矫菌桂以纫蕙兮，索胡绳之纚纚。"这里与薜荔同时出现的植物，如"茝""桂""蕙"均为著名的芳香植物，因此这里的"薜荔"理论上也同样是香草才对。然而，今天的薜荔根本没有任何香气可言。那么，古代的"薜荔"到底是哪种植物呢？

据夏玮瑛编写的《植物名释札记》考证分析，"薜"字古时专指山芹，可能就是如今的"当归"，一种伞形科有香气的药草。而"荔"字则指如今的"马蔺"，一种叶片细长的鸢尾科植物。

图 06 石菖蒲

总结一下，"薜荔"就是一种具有香气、叶片细长的草本植物，从形态与气味猜测，极似如今十分流行的山野草"石菖蒲"（图06）。相传齐国贤相管仲，曾选了五种气味奇异的高洁香草，号称"五臭"，薜荔位居其首。但自唐朝以来，本草学家误将同样生于石头上的两种"薜荔"混淆，认为古代的"薜荔"就是今天的"木莲"。这一观点代代相传，因此时至今日也只能将错就错了。

（作者：莫海波）

白及

仙气飘飘的兰花却终难逃厄运

优雅的兰花给人的印象向来都是温室里的娇嫩花朵，可是偏偏有些兰花不走寻常路线，比如四月的上海辰山植物园中，就盛开着一种名叫"白及"的兰花，它不但生性强健，英姿飒爽，经受得住狂风暴雨的摧残，还能开出仙气飘飘的花朵（图01），着实令人刮目相看。

图01 辰山植物园竹林下盛开的白及

1. "药食赏" 三用的地生兰

白及（*Bletilla sfriata*），也写作"白芨"，别名良姜、紫兰，为兰科白及属的多年生草本植物，主产于贵州、云南、四川等省，在长江流域及以南各地亦有野生分布。白及地下具有白色扁平状分叉的假鳞茎，表面常有数个同心状环纹（图02）。这假鳞茎是储藏营养物质的主要部位，也是入药和食用的部位。

图02 白及的假鳞茎

白及是一种地生兰，春季开花，花朵紫红色，常四至十朵成总状花序排列于花葶顶端，在翠绿叶片的衬托下，显得端庄而优雅。白及的花朵有花萼和花瓣各三枚，其中最中间下方一枚花瓣与众不同（图03），为特化的"唇瓣"，唇瓣的上方有一根白色的柱子，那便是兰科植物特有的"合蕊柱"，是由雄蕊的花丝和雌蕊的花柱合生而成。这使得花粉块与柱头挨得较近但又相互隔离，因而需要昆虫来帮助授粉。

图03 白及花朵正面照

除用作观赏外，白及亦是我国重要的传统中药材之一，其药用历史悠久，始载于《神农本草经》。明代李时珍《本草纲目》记载："其根白色，连及而生，故名白及"，又云其"洗面黑、祛斑"。《药性论》上载：白及"治面上疮疱、令人肌滑"。药效方面，民间多将白及根茎用于收敛止血、清热利湿、消肿生肌。此外，白及的假鳞茎还是云南白药、胃康灵、白及颗粒等多个中成药的主要成分。

　　白及的主要药用成分为白及胶——一种水溶性的高分子植物多糖，其主要成分是甘露聚糖。研究表明，它有止血、保护胃黏膜、抗菌和促进伤口愈合等作用。但目前关于白及的活性成分、药理活性还缺乏系统研究，主要还停留在传统中医中药经验用药阶段。

2. 白及家族

　　白及属植物约6种，分布于亚洲的缅甸北部经我国至日本。我国产4种，即华白及（*B. sinensis*）、黄花白及（*B. ochracea*）、小白及（*B. formosana*）和白及。

　　白及属植物花色艳丽，极具观赏价值。其中，白及、黄花白及（图04）已被西方国家引种作为观赏植物栽培，它们生长强健，对环境适应性良好（既耐热又耐寒），性喜温暖、湿润、阴凉的气候环境，宜丛植于山石旁或稀疏林下做地被植物，或布置于花

图04 黄花白及

境和花坛中观赏，具有极大的观赏价值和开发潜力，既适合在园林中用作阴湿环境下的地生型兰花，也是极具育种价值的宿根草本植物。

3. 被成功拯救的兰花

白及属植物在我国南方大部分地区均有野生分布，但近年来随着白及应用范围的扩大，其市场需求日益扩大，市场价格也水涨船高。在经济利益的驱使下，白及属植物受到严重的私挖滥采，导致野生资源受到严重破坏。如江浙一带的山间原本有许多自然分布的白及，但现在人们已经很难在野外寻觅其芳踪。

作为一种"药食赏"三用的宝贵兰花资源，白及具有广阔的利用前景。为了可持续性产业化利用，白及的人工栽培、良种选育、批量繁殖、标准化种植等技术环节均亟待解决，只有成熟、良性发展的产业化种植才能防止野生资源过度消耗。

上海辰山植物园兰花多样性研究组对白及属种质资源进行收集保育和种质创新工作，成功在竹园下种植了白及。经过多年的适应生长，每年四月的盛花期，紫红色的花朵在路边的竹林下繁星点点，煞是好看，吸引了许多路过的游客驻足欣赏。

（作者：莫海波）

南酸枣

被人嫌弃的鼻涕果也能华丽飞升为美味零食

　　吃货们想必都吃过一种叫"酸枣糕"的休闲零食，这种酸酸甜甜、富有嚼劲的糕片吃起来类似山楂卷，让人口齿生津，欲罢不能。其中用到的主要原料来自一种叫"南酸枣"的植物果实（图01）。不了解植物的人，看这名字还以为是南方的某种酸枣。虽然它跟枣子有几分相似，但亲缘关系还是比较远的。

图 01　南酸枣果实

1. 高大的树开小小的花

南酸枣是漆树科南酸枣属的植物，经常被用来做行道树。植物能高度介入人类的生活，无非是两点：颜值高，可观赏；可食用，味道好。其他植物无此优点，只能做陪衬。可是南酸枣颜值不高，直接吃也算不上好吃，却能用作行道树，可见其自有一套本领。

仲春四月是南酸枣枝繁叶茂的时节（图 02）。其奇数羽状复叶和臭椿很相似，聚伞状圆锥花序就开在枝叶间。南酸枣的花较特别，为杂性花，其中雄花和假两性花都是淡紫红色（图 03）。不过，由于树体高大加上枝叶茂密，你很难发现它开花的样子。但这并不妨碍你欣赏它。每当花开之后，你会发现在树下石阶铺就的小路上铺满了细小的暗红色花朵，细看之下也是别有一番风味：那是一种有别于阳光与嫩叶的景色。

图 02 南酸枣植株

图 03 南酸枣花序

华东乡土植物

2. 果核带洞为哪般?

南酸枣在深秋之后会有和枣一样的果实成熟,味道酸酸的,这也许是它名字的由来。南酸枣的果实为典型的核果(图04):最外部有一层黄色的表皮(外果皮);中间是肉质的果肉,味酸,一般人难以下咽;果实最内部是一枚坚硬的果核,通常会在一端分布有5个小小的孔洞。

在自然界中,植物总是会千方百计地发挥自己的"才能"以达到生殖繁衍的目的,甜美的果实就是它们的"才能"之一。甜

图 04 南酸枣的果实和种子

美的果食为自然界的动物提供了丰富的食物,而动物在取食、收藏等过程中帮助植物进行传播。这是一种互利的模式。

南酸枣的传播就属于这一类型。坚硬的种子在被动物吃下后不至于被消化,可以通过动物排泄迁移至更远的地方,然后发芽、生长。然而,它的内种皮十分坚硬,很难破开。那么,南酸枣的种子是如何突破这层阻碍而生根发芽的呢?聪明如它,在果核一侧演化出了几个萌发孔来巧妙地解决这一问题。所以南酸枣的种子在合适的条件下,会从它种子一端的5个萌发孔中生长出新的植株。这样的设计是不是很神奇?!

3. 普通果核华丽变身菩提子

南酸枣除了果肉可以食用外,果核还有宗教文化上的功用。南酸枣果核一端有3～6个不等的萌发孔(多为5个),故而被佛门寓意"五眼六通",作为菩提子来使用,串成手串或念珠。五眼者,即肉眼、天眼、慧眼、法眼、佛眼。六通者,即天眼通、天耳通、他心通、

宿命通、神足通、漏尽通。但我目前只修练到"肉眼"境界，其他则一窍不通，解释不了这些境界。

要得到果核，肯定要搓掉果肉，这其实是个痛苦的过程，有洁癖和强迫症的人就做不了这件事。因为果肉搓开黏黏糊糊的（图05），和鼻涕差不多，所以它也有个"鼻涕果"的别称。另外，果肉粘在核上很难搓掉，滑滑腻腻。比较机智的做法是堆放在网兜里，一直搓洗，直到所有果肉被去除干净。如果想偷懒，也可以将果实泡在水里，直到果肉沤烂，果核自然就脱离出来了。但这种办法比较费时。

图 05 黏稠的果肉

南酸枣的另外一些作用就需要"扒皮拆骨"了。它的树皮和叶片可以用来提栲胶，茎皮纤维可做绳索，树皮和果实可以入药。南酸枣的每个部位都有用，这也可能是它没有什么颜值却能立足到现在的重要原因。可见"技多不压身"，有用才能立足得更长久。

（作者：任磊）

─ 枳椇 ─

形似木头疙瘩吃起来却甜甜的

拐枣的味道，要到霜降之后才好。而我在小时候，却总没有耐心等到霜降，早早便会忍不住与小伙伴们一起爬上邻居家的拐枣树上，一把一把地摘下来往嘴里填。没熟透的拐枣常常甜中带涩，吃多了有点麻嘴。

1. 拐枣两兄弟

彼时叫它"拐枣"或"鸡爪树"，后来才知道它在各地还有很多的名字，比如鸡距子、鸡爪梨、纠结子、鸡爪莲、弯捞捞等。徐锴在《注说文》中说："枳椇称作枳枸，皆屈曲不伸之意。此树多枝而曲，其子亦弯曲，故以此名之。"这样看来，枳椇的意思和拐枣非常相近。

拐枣和枣树一样，同属于鼠李科。但其实常见的拐枣有两个不同的种，即枳椇（*Hovenia acerba*）（图 01）和北枳椇（*H. dulcis*）。二者均为高大落叶乔木，长相十分相似，很容易混淆。不过如果只是拿来吃的话也无所谓，这两者的可食用部位通常都被称为"拐枣"，也不用刻意区分了。

枳椇与北枳椇都是十几米高的乔木，但是秉承了鼠李科花小的特点，每朵花不到一个指甲大（图 02）。花序形态可以用来区分枳椇与北枳椇：北枳椇的花序是聚伞圆锥花序，而枳椇是二歧式聚伞圆锥花序。

2. 味道甘甜却不是果实

枳椇的叶片呈宽卵圆形或椭圆形。夏天的时候枳椇会开聚伞型的白绿色小花。到秋季时，就会明显看到许多"果实"（图 03）挂在枝头。

但枳椇的可食用部分不是真正的"果实"哦！真正的果实由子房发育而来，并且通常具有种子。而拐枣可以吃的部分并不是果实，而是肥厚的果序轴。它真正的果实是圆形的，黄豆大小，初生时黄绿色，成熟后则是灰褐色的坚硬瘦果，有三条纵沟。如果把果实剖开，其内有三个小室，每室内镶着一粒种子（图 04）。枳椇的果序轴膨大为肉质，肥大，曲扭，一般为棕灰色或青黄色，像折断后扭在一起的树枝，筷子般粗细，闻起来有甜腻的气味。

图 01 枳椇植株

图 02 枳椇花朵特写

图 03 枳椇果序

图 04 枳椇种子

拐枣初吃起来涩涩的，慢慢地开始有甘甜的味道。再仔细品，会有枣的清香、梨的甜腻、葡萄干的嚼劲，让人忍不住想再吃一口。拐枣口味最好的时候是在霜降过后，经霜的果序轴肉质鲜嫩清香，醇美甘甜，很有嚼劲。

3. 最古老的国产水果

苏联一位学者认为拐枣在地球上已有500万～1000万年的历史，是地球上最古老的果树之一。这个研究结果不知道是不是真实的，但是枳椇在我国的确有非常悠久的食用历史。

《诗经·小雅》里就有"南山有枸"的记载。这里的"枸"即枳椇。注意，这里的"枸"读音是jǔ。后也称为"枳枸"或"椇"。《礼记·曲礼》中言："妇人之挚，椇榛、脯修、枣栗。"这说明当时枳椇跟榛子、枣子、栗子一样，是一种较常见的干果，当时女性之间见面常喜欢将之作为互相交换的小礼物。

战国宋玉曾做了一首《风赋》，其中有一句"枳枸来巢，空穴来风"。意思是：因为枳椇的树枝弯曲，所以会吸引鸟儿来筑巢。因为洞穴有空，才引来了风。此典故取自古书记载："枳椇来巢，言其味甘，故飞鸟慕而巢之。"

枳椇最好生食，也可熬糖或酿酒。不过在古代，枳椇经常被作为败酒之物，因为它能解酒毒，醒宿醉。这与枳椇含有较高的糖分有关，大概跟现在醉酒的人去注射葡萄糖一个原理。后来人们连枳椇的种子也拿来解酒了，《苏东坡集》中就有记载用枳椇种子治疗经年累月地喝酒引发身体损伤的病例。

也许对很多人而言，拐枣只是一味山间野果，比不上苹果、香蕉这样的大宗水果。但拐枣的滋味对我而言，不仅是醇厚甘甜的儿时回忆，还是陪伴我童年成长的一种美食。可惜，现在也不太容易吃到了。

（作者：任磊）

香椿

被吃"耽误"了的香椿 —— 扒扒香椿的另一面

提到香椿，大江南北的人们首先想到的必定是它春天的嫩芽（常被唤作香椿芽、椿芽等）。它的滋味鲜美，生食、熟食或腌食均可，美味的香椿炒鸡蛋（图01）便是一道色、香、味俱全的珍馐。

图 01 香椿炒鸡蛋

1. "季节限定"的美食

春天万物复苏，我国自古以来就有品春、食春的习俗。农历三月是吃香椿的好时节（图 02），过季后香椿就会变老，不仅味道不好，而且营养成分也会极大地减少。因此，一年之中，能品尝香椿的时间非常短暂。有一句民谚说得好："雨前椿芽嫩如丝，雨后椿芽生木质。"

香椿中含有丰富的营养素，

图 02 香椿嫩芽

在每 100 克香椿中，含有蛋白质 9.8 克、钙 143 毫克、维生素 C115 毫克、磷 135 毫克、胡萝卜素 1.36 毫克。香椿中所含的这些人体必需的营养物质高于不少蔬菜，因此香椿是一种极好的低卡高营养食物。

不过，香椿中的硝酸盐和亚硝酸盐含量高于一般蔬菜，多吃或者食用不当都可能导致食物中毒。好在也有一些办法可以减少这些有害成分的摄入：1. 香椿芽越嫩，其中所含的硝酸盐越少，因此大家最好尽可能购买鲜嫩的香椿芽；2. 新鲜的香椿芽最好尽快食用，因为储存太久的香椿亚硝酸盐的含量会大幅增加；3. 焯烫是降低香椿亚硝酸盐的最佳方法之一，加工前这一步不要省。

2. 可爱的果实和会飞的种子

过了吃香椿芽的季节，人们便似乎忘却了一样，不再关注香椿开什么花、结什么果了。倘若偶尔在街上看到一种如五角星的植物材料制作的手工艺品，你在惊呼大自然的精巧之余，却极少会将它与香椿的果实联系起来。

这也难怪，因为在城市绿化中，香椿使用得很少。偶尔有老人在小院里种上几株，也会严格控制树高，以方便来年采摘嫩芽。估计一般人很难想到香椿可以长成参天大树，而且是一株能开满树花、结满树果、高达 25 米的大树吧！

每年的 6 月前后，正常生长的香椿枝头会垂下来一串串与复叶等长或更长的圆锥花序（图 03）。小花长 4 ～ 5 毫米，白色，花瓣总是似开非开，只有当枝条足够低时才能看清楚。去掉一些花瓣后，念珠状的橙红色花盘特别显眼（图 04）。果实未成熟时呈绿色，能很好地隐没在绿叶丛中。只有当 10—12 月份果实成熟后变成深褐色时，香椿才会再次引起人们的注意。成串的果实如口部朝上的铃铛（图 05），在天气晴朗的时候打开果皮，一阵阵风儿就能将那些带翅膀的种子吹散到四面八方。

图 03 香椿花序

图 04 香椿花特写

图 05 香椿的果实和种子

3. 中国的桃花心木

香椿的嫩芽是春季美味的时鲜蔬菜，果实可作手工艺品材料。除此之外，它的木材也非常好。《中国植物志》如是描述："木材黄褐色而具红色环带，纹理美观，质坚硬，有光泽，耐腐力强，易加工。"行业内常将香椿木用作家具、室内装饰品及造船的优良木材，因此香椿木素有"中国桃花心木"之美誉。

图06 香椿木笔筒

说了这么多，如果你还是没能理解，那让我来悄悄告诉你：香椿和世界著名的高级家具用材——桃花心木，是同一家族的亲兄弟哦！笔者几年前便慕名购买过一个香椿木制作的笔筒（图06），一直使用至今。

（作者：寿海洋）

薄荷

让你清凉一夏

炎炎夏日，当你用添加了冰爽因子的沐浴液洗澡时，当你用清香的牙膏刷牙时，当你喷洒花露水防蚊时，当你用风油精涂抹被蚊虫叮咬过的伤口时，你是否会想到，带给你这些清凉感受的成分与一种植物密不可分？这，就是我们今天要讲述的主角—— 薄荷。

1. 初识薄荷家族

兼具清凉与独特香气的薄荷（图 01）大概是我们最为熟悉、接触最为广泛的一种香草植物吧！在植物学上，薄荷是唇形科薄荷属一类

图 01 薄荷

小型草本植物的统称。薄荷这个家族的成员不多，全世界有三十来个种，广泛分布于北半球温带地区。

随着人们对薄荷的种植和选育，还有很多种间杂交种和品种不断出现。根据统计，全世界薄荷的品种已经达到 600 个以上。但常见的栽培种类不多，较为常见的有薄荷（*M. canadensis*）、胡椒薄荷/辣薄荷（*M. × piperita*）、留兰香（*M. spicata*）、皱叶留兰香（*M. crispata*）、圆叶薄荷/苹果薄荷（*Mentha suaveolens*）、凤梨薄荷/花叶圆叶薄荷（*M. suaveolens* 'Variegata'）（图 02）、柠檬留兰香（*M. citrata*）这几种。

图 02 '花叶'圆叶薄荷

2. 水泽精灵

野生的薄荷（图 03）通常喜欢生长在小溪、水塘、湖泊等水域边缘比较湿润的地方。它们通常呈一丛丛直立生长的草本，高不过三四十厘米，茎干四棱形（方形）、叶片椭圆形，成对生长，在上部叶腋处开出一圈圈淡粉色的小花。如果你轻轻揉搓叶子，便会产生一股清香，并有一股凉意扑面而来。

薄荷和水的渊源，从它的属名 *Mentha* 就能看出来。*Mentha* 一词源于古希腊语的 "Minthe"。在希腊神话中，Minthe（蜜斯）是一位掌管水泽的精灵，不幸被风流成性的冥王哈德斯相中，因此招来冥后的嫉恨，被其化为尘土。冥王听闻此事深感惋惜，将她的灵魂化为一株水边的芳草。这就是薄荷了。

图 03　水边的薄荷

3. 清凉冰爽人人爱

  在很久之前，人们就注意到薄荷，而薄荷的使用历史也极为漫长。在欧洲，薄荷已经有近两千年的使用历史。其独特的香气，被认为可以遮盖臭秽之味，因此古希腊男性喜欢涂抹用薄荷捣碎之后的汁液所调配成的香水，认为这样可以增加个人魅力。喜爱洗浴的古罗马人也会将薄荷叶撒入浴池之中，享受在沐浴时也能被芬芳环绕的感觉。而在地中海南岸的古埃及地区，还有将薄荷入馔的记载。

  在我国，薄荷的使用也有相当悠久的历史，薄荷因其清凉的味道很早就被当做草药使用了（图 04）。此外，我国南部一些地方，薄荷还被作为一道野菜食用，而薄荷茶更是日常饮用的一道凉茶。

图 04　薄荷药材

4. 薄荷醇：清凉因子

薄荷那独特的"清凉"气味来自它所含的一种化合物 —— 薄荷醇（薄荷脑）。它是薄荷的茎叶研碎蒸馏之后，凝结而成的白色针状晶体。

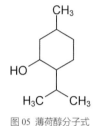

图05 薄荷醇分子式

分子式为：$C_{10}H_{20}O$（图05）。

薄荷醇能激活人类神经末梢上的受体蛋白CMR1。这里，C代表英文"Cold"（冷），M则表示"Menthol"（薄荷），因此CMR1也叫作"冷觉和薄荷醇受体"。这个受体的本职工作是感受寒冷的刺激。然而当遇到薄荷醇时，它一样能向大脑发出寒冷的信号，于是那种冰爽的感觉就产生了。

随着生活水平的提高，人们现在对薄荷醇的年需求量超过了30000吨。目前，从种植的薄荷中分离天然薄荷醇的全球年产量可达到13000吨左右。不过人类已经能够依靠成熟的化学合成工艺来人工合成薄荷醇，因而完全能够满足对清凉冰爽感觉的需要了。

5. 小薄荷，大用处

薄荷醇能够带给人清凉舒爽的感受，因此在日常生活中被广泛地添加到多种产品之中。最常见的是牙膏，市场上80%以上的牙膏都添加了薄荷醇，这也难怪"牙膏味"会成为"薄荷味"的代名词。除了牙膏，漱口水、口香糖、洗浴用品也都是添加薄荷醇的"大户"。

在内服药品中，薄荷醇的味道能够掩盖一些药物的苦涩味道，便于患者服用。而薄荷醇挥发清凉的特性还应用在一些外用药品中，如在通气鼻贴中使用薄荷香气释放技术，轻刮表面就会释放薄荷香气，让使用者呼吸更加顺畅。

（作者：郗旺）

园林植物

YUANLINZHIWU

樟

挨过了寒冬，却在春季落叶的大树

连月的雨水滋扰终于消停，江、浙、沪地区重新迎回了久违的阳光。当万物争春之时，在一些常年青翠的行道树下，却惊现红叶飞舞的秋日景象。如果捡起一片落叶仔细端详，你还能嗅到淡淡的清香。或许你已经猜到，这种植物就是樟树，江南人习惯称之为香樟。

1. 常绿乔木的春季换装

在我们印象中，香樟四季繁茂青翠，遍布江南大街小巷，是优良的绿化树种（图01）。不过，它虽是常绿乔木，终究也是要落叶的。但与众多落叶树不同，香樟是在春季集中落叶。由此一来，它不仅可以利用未落的树叶在冬季积蓄养分，还可以在春季增强光合作用，为新叶提供充足的养分。

每年的三四月间，就是香樟

图01 香樟绿化景观

图 02 新老叶交替景象

的集中落叶期。此时的香樟，一边长出嫩红的新芽，一边褪掉泛红的老叶（图 02）。一树红黄绿杂糅，颜色斑斓，颇为漂亮。只是由于香樟的低调换装，再加上环卫工人的辛勤清扫，如不仔细观察，这番春日里的"秋景"，很容易就被忽略了。

2. 南国之樟，众城市树

作为樟科常绿大乔木，樟树高可达 30 米。它的树皮呈暗褐色，有纵裂沟纹。叶卵为圆形，单叶互生，具偏斜的离基三出脉，在脉腋中间生有两个腺点（图 03）。樟树的圆锥花序腋生于枝顶端，黄绿色的花被片小巧，花内有醒目的橙色蜜腺。它的浆

图 03 樟树叶片腺窝特写

果成熟后由青绿转为紫黑色，基部有杯状果托，枝叶及木材均有樟脑香味。

最初，樟树是被置于月桂属中的。1753年，分类学泰斗林奈在其

图04 月桂

发表的第一版《植物种志》中，将樟树命名为 *Laurus camphora* L.。这里的 *Laurus* 即月桂（图04），种加词 *camphora* 意为樟脑。直到1825年，捷克植物学家普雷斯尔认为樟树的特征更接近樟属，于是将樟树从月桂属转移至桂属 *Cinnamomum*。桂属的属名来自希腊语 kinein（卷曲）与 amomos（无过失），指其树皮有纵向卷曲深沟裂，纹理美观而无过失。如今，结合最新的研究，樟属的属名变为 *Camphora*，学名为 *Camphora officinarum*。至于樟树的中文名，据《本草纲目》记载："其木理多文章，故谓之樟。"李时珍认为此树干纹理排列工整，因而其得名为樟。

樟树枝干高耸，树冠广展，常绿青翠，气味芳香。它不仅名列江南四大名木（樟、楠、梓、桐）之首，甚至我国的南昌、樟树、宜宾、张家港、马鞍山、杭州、义乌等城市，也纷纷将香樟选为市树。作为江南地区的乡土树种，樟树深得江南人民的喜爱。

3. 樟树的香味儿

亲历过江南大雪的人，一定会对樟树的气味印象深刻。雪中的香樟虽美如玉树，却不堪大雪积压。那些折断的樟树虽透着壮士断腕般的苍凉，却又散发着一股提神醒脑的浓郁清香。这种特殊的香味儿，源自树干中多种挥发油类物质，其中最重要的就是樟脑。这些原本帮助植物远离病虫害侵袭的化学物质，却被人们用来获取经济效益。

樟脑是一种萜类有机化合物，在室温下为白色或透明的蜡状固体，可用于驱虫除臭（图05）。但如果买到气味浓郁的"天然樟脑制品"，那多半不是天然樟脑，而是从煤焦油中分离或从石油中提炼制得的萘，具有毒性。与天然樟脑丸的清凉感不同，萘、二氯苯等石油化工品制成的樟脑丸，则有一种强烈的怪异甜气味。

图05 樟脑球

在1869年，樟树的命运迎来了转折。这一年，美国人约翰·海特利用硝化纤维和樟脑合成了最早的热可塑性树脂：赛璐珞。虽然樟树不是唯一能提取樟脑的植物，但由于来源便捷，樟树一跃成为重要的经济树种，遭到了疯狂的砍伐。最初作为象牙廉价替代品的赛璐珞，也被大规模地用于日用品制造。但由于易燃和不耐久性的缺点，风靡一时的赛璐珞很快被新材料取代，如今仅有制作乒乓球等极少数用途。

此外，樟脑的另一重要用途，是制作无烟火药。战争使得天然樟脑成了各国争抢的战略物资。但到了20世纪初，通过化学合成的人工樟脑更为高效便捷。在两次世界大战中，就有无数的亡魂死于无烟火药制成的炮弹之下。可以说，只要有战争的需要，便有樟脑的市场。

不过，樟脑的风光岁月，仅持续了四十年。如今，人们对樟脑早已不复往昔的狂热。而作为乡土植物的樟树，仍以繁绿点缀城市，见证岁月的沧桑。

（作者：王晓申）

樟

紫藤

梦幻云霞满花香

著名作家宗璞的经典之作《紫藤萝瀑布》，相信大家一定已经耳熟能详了。这篇散文的主角，便是紫藤花。紫藤（*Wisteria sinensis*）是隶属于豆科蝶形花亚科紫藤属的植物，它原产于中国，种加词 *sinensis* 即意为"中国的"。由于其优美的藤形以及花朵盛开时给人的"紫色仙境"之感（图01），它们在古代就已经被栽种于房前屋后。19 世纪更是被引种到了世界各地。

图 01 紫藤廊架花期

1. 典型的蝶形花

"紫藤"这一名称可以上溯唐代，诗仙李太白就有《紫藤树》这一佳作："紫藤挂云木，花蔓宜阳春。密叶隐歌鸟，香风留美人。"唐代陈藏器所撰《本草拾遗》亦将紫藤收录为中药材，可见我国古人认识紫藤这一类植物的历史何其悠久。

和其他蝶形花亚科的植物一样，紫藤拥有十分典型的蝶形花。"每一朵盛开的花就像是一个小小的张满了的帆，帆下带着尖底的舱，船舱鼓鼓的；又像一个忍俊不禁的笑容，就要绽开似的。那里装的是什么仙露琼浆？我凑上去，想摘一朵。"作为《紫藤萝瀑布》中的名句，这句话将蝶形花冠描绘得十分生动形象。"帆"就是蝶形花冠的旗瓣，是蝶形花冠中最上部的 1 枚；"舱"指的是翼瓣和龙骨瓣，二者位于蝶形花冠的下侧，龙骨瓣通常 2 瓣合生，而翼瓣则包被于龙骨瓣之外，离生。正如宗璞所言，"船舱"里的，便是花的核心部位 —— 雌蕊和雄蕊群。作为典型的蝶形花，紫藤拥有典型的 9+1 式二体雄蕊，即 1 枚（对旗瓣的）雄蕊离生，剩余 9 枚雄蕊合生（在花丝上部分离）成雄蕊鞘（图 02）。

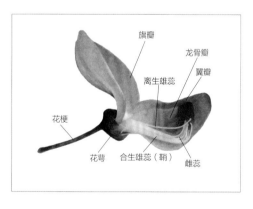

图 02　紫藤花解剖

紫藤是典型的自花授粉植物。大家一定已经发现了它们的花和孟德尔定律的模式植物豌豆（*Pisum sativum*）非常相似。没错，后者与紫藤同属于豆科的蝶形花亚科。

图 03 紫藤瀑布

2. 瀑布般地盛放

正如宗璞散文《紫藤萝瀑布》所述，紫藤属植物在花盛开时，有一种"瀑布"的既视感。数十朵小花在一束总状花序上循次绽放；成百上千束花序在一棵如盘虬卧龙般的老藤上同时绽放，给人的感觉，恰似一条条紫色"瀑布"从天而降（图 03）。也正是因为这盛景，使紫藤博得了中国古人的喜爱，成为中国古代常用的庭园植物。也正是这盛景，使得紫藤在 1816 年被作为观赏植物引入了美国。

时至今日，西方不少国家的欧式庭园内还能见到作为观赏植物栽培的紫藤。

3. 纷繁复杂的紫藤家族

近年的研究确认，全世界约有 10 种紫藤属植物，除了广为人知的紫藤外，还有一些种类亦被广泛用于庭院观赏植物。如原产于日本的多花紫藤（*W. floribunda*），现在亦已在国内广泛栽培。相比紫藤，多花紫藤的花序通常更长、花量更大。此外，还有主产于我国北方地区的藤萝（*W. sinensis* var. *villosa*）（图04），它们的小叶上下两面均被毛，易于与紫藤区分。此外，远在大洋彼岸的北美洲还有美国紫藤（*W. frutescens*），如今在我国也有零星的引种栽培，

图04 藤萝

它的种加词 *frutescens* 意为"灌木状的"，相比于其亚洲亲戚的大藤本性状，美国紫藤更加"袖珍"，它们的花序也更短小、紧凑。

4. 美丽外表下隐藏着惊人的破坏力

紫藤家族对土壤等栽培环境要求不严格，而且易于人工授粉，因而拥有着极多的品种数量。此外，由于气候的相似性，紫藤已在美国东部造成一定的入侵。紫藤极为美丽，它们的荚果也非常类似于人类的重要粮食之一的大豆（*Glycine max*）。然而，紫藤的种子（图05）含有紫藤糖苷，食用种子可能会导致头晕、困惑、言语障碍、恶心、胃痛、腹泻等不良反应，因此我们应当避免食用种子。

图05 紫藤果荚

（作者：蒋凯文）

— 合欢 —

一树红绒落马缨

合欢花开，伴随着栀子花开，又是一年毕业季。青春散场，繁华落尽，你是否留意过这些陪伴我们开放的花朵？随处可见的合欢，其实有着不输南国"毕业花"——凤凰木的精彩与热烈。

1. 人见人爱的"丝绸花"

在我国，不同于盛开于华南地区的凤凰木，合欢（*Albizia julibrissin*）的分布更为广泛，从东北到华东，再到华南乃至西南，都能看到它的身影（图 01）。由于强大的适应性和端正的树形，它被广泛用作城市行道树，盛花时节常常形成颇为壮观的风景线，只是雨打风吹的落花在路面上犹如一团团卫生纸，确也是一处不足。

稍微早起一些，便能在林荫道上捡到较为新鲜的合欢落花，一团团犹如火焰一般。在纸上仔细摊开，一朵合欢属典型的头状花序就展现在我们面前——这些头状花序在花序轴上又排列成圆锥状。这一簇簇火苗是头状花序中的一朵朵小花。

所谓头状花序，其实就是一朵朵小花聚在一起，伪装成一朵大花的样子，达到吸引传粉者、批量授粉的目的。外国人常把合欢称为丝绸花（silk tree），一是因为其雌雄蕊细长如丝（图 02），二是因为这种树是经由丝绸之路，从中国传出的。据记载，意大利人菲利普

华东乡土植物

图 01 合欢

图 02 盛开的合欢

诺·阿尔比齐（Filippo degli Albizzi）从伊斯坦布尔将合欢的种子带入意大利，进而传播到欧洲。合欢的属名正是为了纪念他，至于种加词，则是一个波斯词语的变体，意思是丝绸花（silk flower）。可以说这个名字是十分贴切了，因此合欢树的英文名便称作 pink silk tree（粉红丝绸树）。

2. "小粉红扇"原来不是一朵花

为了吸引传粉者，合欢的雄蕊群发育突出，以至于我们经常忽略花萼和花瓣的存在。合欢的花是典型的虫媒花，提供给传粉者的报酬是藏在由雄蕊群基部联合而成的雄蕊管里的花蜜。头状花序中央有一朵个头比较大的花，这朵中央花（central flower）是一朵雌、雄蕊齐全，但雌蕊不育的两性花。周围的边缘花（external flower）中既有类似的，形态上是两性花的雄花，也有真正的两性花（图03）。

图03 合欢花序

图04 合欢果实

根据《中国植物志》的记载，合欢的中央花是不育的。然而实际上，从最终结实的果荚的数量来看，整个花序中大部分花都是不育的。这种机制使其在保证花序中小花数量和花粉量足够多，以至能吸引到传粉者的前提下，通过减少花序产生的果实数量（图04），来达到节约能量、保证果实质量，从而提高后代成活率的目的。

3. 合欢也是会含羞的

合欢的叶片有明显的收缩现象，仿佛"含羞"一般，故合欢也有个名字叫含羞树（mimosa tree）。这当然不是因为合欢害羞了。有人说，合欢在夜间将叶片合拢（图05），是为了保持温度和减少蒸腾。类似于含羞草，这种叶片运动的机制也是在"马达器官"叶枕的驱动下完成的。

图05 夜晚闭合的合欢叶片

在豆科植物的小叶和叶柄的基部，有一个膨大的部位，叫做叶枕，里面的薄壁组织在水分饱满的时候能撑起叶片，失水时叶片因失去支撑而耷拉下来。这种结构还能作为识别植物的参考，如果我们看到一个植物具有复叶，叶柄基部还有叶枕，那么它很大可能就是豆科植物。

（作者：李晓晨）

乌桕

乌桕为什么姓"乌"？原因竟然跟乌鸦有关

乌桕叶片转红的时候，果实开裂掉落在地上，踩上去吱吱作响。江南三大秋色叶之一的乌桕是我最喜欢的色叶树。枫香树的树形太粗犷，重阳木的虫害太严重，只有乌桕秀丽遒劲的树姿深得我心。犹记得那年杭州东湖的深秋，晨雾中一袭红叶遗世独立，不逊色于北京香山黄栌的气势磅礴。

1. 霜叶红于二月花

如果你留意过自然界中形形色色的树叶，就可以发现乌桕的叶片形状极为特殊，那标准的菱形叶片带着小尾尖（图01），辨识度非常高。到了秋季，叶色会变得非常绚丽多彩，各种深浅不一的红色、橙色到黄色应有尽有，完全可以和枫叶相媲美。拿乌桕叶作树叶标签或者树叶拼贴画都是很好的材料。

摘一片叶子仔细观察，可以看到叶柄顶端有两个腺点，这是乌桕的花外蜜腺。花外蜜腺是乌桕的一种间接防御方式，可以通过吸引蚂蚁等昆虫天敌来降低一些植食性"害虫"对它的危害。有研究表明，入侵美国南部的乌桕的花外蜜总量明显少于我国南方的种群。乌桕在摆脱了专性害虫后，得以将更多的资源分配给生长繁殖，专心增加种群数量和占领空间。这就是一个关于入侵植物"增强竞争力假说"的

图 01 乌桕叶片

典型例子。

　　除了叶片基部的腺点，往往还能看到掐断叶片断口处流出的白色乳汁，这也是大戟科的一个特点。大概 10 月份乌桕就停止分泌乳汁。

2. 机关算尽太聪明

　　除了作为防御的花外蜜腺，乌桕代表性的如爆米花般开裂的三室蒴果，露出三粒球形种子，种子覆盖有白色的蜡质层（图 02）。这层蜡可以提取油脂，每 100 公斤种子可以压榨出 25 公斤左右的油脂，一些好的品种出脂率甚至可以达到 50％。古人很早就开始利用乌桕种子上的蜡质来制作肥皂和蜡烛。除此之外它也可以榨油。这种油有毒，不可食用，但可以用来点灯。如今，乌桕油在生物燃油领域也很有前景。

　　这些富含高热量油脂的蜡质是许多鸟类喜欢的食物，《本草纲目》记载乌桕"以乌喜食而得

图 02 乌桕果实开裂露出种子

图 03 乌桕花序

名"，也因此别名"鸦臼"。乌桕的英文名非常有趣，为 popcorn tree
（爆米花树），想必是因为其果皮脱落后宿存在枝头的种子排列如白色
的爆米花。又因为这层蜡质可用作肥皂和蜡烛原料，故又称 Chinese
tallowtree（中国蜡树）。

春夏之交，可以看到乌桕树开出成串密集的总状花序（图 03）。
多数时候，上部是雄花，下部是雌花，同一个花序内，雄花先熟，但
花序间不同步，这样就能减少自交概率。

虽然植物极力避免自交的不良影响，但在某些时候，自交也是具
有适应意义的性状，比如在种群密度很低，或因缺少传粉者等因素而
导致外来花粉不足的情况下，自交可以提高结实率，保障繁殖。我还
听到一种说法，说位于分布区边缘的植物更容易发展出自交结实的性
状。事实上，自交是植物大量开花以增加吸引传粉者能力的一个不可
避免的结果。

3. 身世飘零雨打萍

乌桕所在的乌桕属在植物分类系统 APG 时代经历了剧烈的震动，
广义的乌桕属分裂为白木乌桕属、浆果乌桕属、美洲乌桕属等好几个
属，乌桕流落到一个仅有三个种的、分布于南亚和东亚热带亚热带地
区的小属 *Triadica* 中。现在再说起 *Sapium*，就是指狭义概念的美洲乌

柏属，而国产的乌桕现在的学名应为 *Triadica sebifera*——原乌桕属下的雌雄同序组升级为属。有意思的是，这群狭义的乌桕属下的物种都有蜡质层。

1752 年，林奈的拥趸，瑞典博物学家佩尔·奥斯贝克（Pehr Osbeck）在林奈老友马古斯·拉格尔斯通（Magus Lagerstrom）的资助下，完成了在乌普萨拉大学的博物学学习，跟随东印度公司船队来到我国广东。在那里，他克服了诸多不便乃至人身威胁，为林奈带回了大量植物标本，这其中就包括乌桕的模式标本。

与此同时，在经典分类学的前夜，雄心勃勃的卡尔·林奈正在热烈撰写着《植物种志》（*Species plantarum*）（图 04），试图描述当时所知的所有植物种类。1753 年 5 月 1 日，这部巨作终于出版面世。而在这本书的第二卷第 1004 页，林奈将乌桕描述为一种叶片为菱形、基部有腺体、像黑杨、种子可以榨油、当地人叫做 "kiu yeu"（桕油）的乔木，并将

图 04 《植物种志》原版内页

其命名为 *Croton sebiferum*。由此，乌桕正式有了科学的身份和名称。

为什么要强调这本书的出版时间呢？一来是由作者——现代分类学鼻祖卡尔·林奈改进和推广的双名法已成为现代分类学界的通用标准，二来是命名法规定，这个时间点是命名优先权向前追溯的终点，即命名起点，也就是说，在这之前发表的名字都是不合格的。

不过，在之后的 1814 年，印度植物学之父威廉·罗克斯博格（William Roxburgh）又将 *C. sebiferum* 组合到 *Sapium* 中。于是，该物种学名便演变为现在大多数植物志中的 *Sapium sebiferum* （L.） Roxb.

（作者：李晓晨）

千屈菜

千屈菜，你究竟有什么委屈？

图 01 薰衣草花序

　　7月初，当你漫步在河畔水岸边时，说不定会为眼前一丛丛茂密的紫红色水生植物所吸引，那柔美的紫色花穗，随风轻摆，将湖岸水边装点得分外清新靓丽。远远望去，竟有点神似大名鼎鼎的芳香植物薰衣草（图01）。然而，这种美丽的植物却有一个古怪的名字——千屈菜。

图 02 河边盛开的千屈菜

1. 花似薰衣草却开在水中

千屈菜（*Lythrum salicaria*）是千屈菜科喜水湿的多年生草本植物，亦称水枝锦或水柳，广布于欧亚大陆，常生于河岸、湖畔、溪沟边和潮湿草地（图 02）。它粗壮的根状茎横卧于地下，地上茎直立而多分枝，披针形的叶子近无柄，两两相对生于茎上。单朵小花先组成聚伞花序，然后再排成穗状花序的样子，成片种植的观赏效果堪比薰衣草花田。

千屈菜因枝叶茂密而清秀、开花繁密，而成为水景中优良的竖线条材料。它最宜在浅水岸边丛植或池中栽植，也可作花境材料及切花。它在我国古代民间是药食兼用的野生植物，全草可供入药，春季缺少蔬菜之时古人有采食千屈菜嫩叶作为野菜的风俗。

千屈菜的属名 *Lythrum* 意思是血污，应该是指该属植物的花色多为紫红色；种加词 *salicaria* 的意思是"像柳树的"，指其叶片披针形（图 03）似柳叶（巧合的是，千屈菜亦有"水柳"的别名）。而关于

图 03 千屈菜叶片

图 04 细叶萼距花

"千屈菜"这个奇怪的中文名，在夏纬瑛所著的《植物名释札记》中有一种比较合理的解释："千屈"可能原为"茜苣"，意指其花色浅红，可食如苣（苦苣菜），不过由于发音相似，后来讹传为"千屈"。

根据最新的植物分类系统APG Ⅳ，千屈菜同紫薇、萼距花还有新收编的石榴（原为石榴科）、菱角（原为菱科）、海桑（原为海桑科）组成一个中等大小的科——千屈菜科（Lythraceae），产于全球热带和亚热带地区，少数种类延伸至温带地区。

2. 简单的小花细看却不简单

千屈菜的花枝看着像一个大的穗状花序，其实只是因为簇生的聚伞花序的"小花"总梗很短而已——看这个皱皱的小花，是不是让你想起了同科的细叶萼距花（图04）？

在拍摄花序的时候我还注意到，相邻的两丛千屈菜的花居然不太一样，一个是花柱长，雄蕊短，一个是花柱短，雄蕊长。我马上意识到，这是一种花柱异长现象。这种现象在我们熟悉的报春花属植物中相当普遍，只是千屈菜的花更复杂一些而已。千屈菜的花有高低两轮雄蕊（图05），根据柱头与这两轮雄蕊的位置关系，千屈菜的雌雄异位至少有三种形态，即所谓的"三型花柱"。根据经验，有效传粉只发生在不

图05 千屈菜花朵特写

同类型的花之间，自花和同花型的传粉都是不亲和的。

比较流行的说法是，花柱异长是一种避免自交的机制，不同花型中雌雄器官的对应保证了异交花粉的准确传递。然而这种机制的效率并不高，理想情况下三种花型的存在也只能规避居群中三分之一植物的自交。

基于这点疑虑，达尔文就曾提出，避免雌雄功能干扰或许才是花柱异长最主要的功能。等高器官能接触传粉者身体的同一部位，异长花柱能增加花药与等高柱头间异花传粉的效率。事实上，异长花柱植物避免自交主要是通过生理上的自交不亲和实现的。

3. 想不到千屈菜也如此凶悍

人们总觉得被水滋润的花温婉柔美，然而现实中千屈菜的扩张却是十分迅猛的，它随压舱水进入北美后迅速泛滥，甚至被列为"全球百大入侵植物"之一。千屈菜在原产地欧洲受到了特化植食性昆虫的严重危害，但这些昆虫在北美和其他一些地方却没有，这也是千屈菜在北美等地区形成严重入侵的一个原因。为此，人们引进了这些昆虫作为生物防治的手段，而且效果非常显著。

（作者：李晓晨）

— 楝 —

最皮实的乡土树种

春夏交替的初夏时节，正是楝树开花的时候。它是江南地区最为常见的乡土树种，走在大街小巷和田间地头，我们总能时不时看到一团团紫色的雾气弥漫在树顶上（图01）。这如同江南烟雨一般轻柔美丽的花儿，还时不时散发着阵阵浓郁的香气。

图01 楝树开花

1. 楝花开后花事了

楝树在我国是一种十分常见的乡土速生树种，对各种不同的生长环境都表现出良好的适应性，因此很早就与人们的生活密不可分，很多古代典籍中都有关于它的记载。

南北朝时期根据农历节气，从小寒到谷雨，共分八气，一百二十日，每气十五天，一气又分三候，每五天一候，八气共二十四候，每候应一种花，如此总结成了"二十四番花信风"。其中以梅花始，以楝花终，楝花的盛开就标志着夏天的来临，这也意味着江南的春花季即将结束。《全唐诗》中收录的"楝花开后风光好，梅子黄时雨意浓"这一诗句正是对应了二十四番花信风的说法。

宋代梅尧臣曾写下"紫丝晕粉缀鲜花，绿罗布叶攒飞霞"来赞美楝花盛开的场景，唐代诗人温庭筠也直接以"苦楝花"为题创作了五言绝句两首：

（其一）

院里莺歌歇，墙头蝶舞孤。

天香熏羽葆，宫紫晕流苏。

（其二）

晻暧迷青琐，氤氲向画图。

只应春惜别，留与博山炉。

2. 紫色梦幻般的小碎花

在植物学中，楝（*Melia azedarach*）是楝科楝属植物，落叶乔木，高可达 10 余米，具有互生的二至三回羽状复叶（图 02），叶子的长度最大可达 40 厘米，夏季枝叶繁茂，遮荫效果非常好。楝的花期在每年的四五月份，大型的圆锥花序长度为叶的一半至与叶等长，花 5 基数，花瓣白色至淡紫色，雄蕊花丝深紫色，联合成管状（图 03），形成单体雄蕊，与花瓣搭配非常引人瞩目。再加上楝花香气四溢，往往在很

图 02 楝叶片

图 03 楝花部特写

图 04 楝果实

远的地方就能引起人寻找香气的来源了。楝花的花柱比雄蕊管短，不伸出来，所以如果不剖开雄蕊管，是无法看到雌蕊的一系列结构的。楝的果实呈球形至椭圆形，开始时是绿色，成熟后变黄（图04），果实长期挂在树上，可到第二年春天。

3. 平凡的树，不平凡的价值

楝树的分布范围相当广泛，在我国黄河以南各省区均能见到，甚至能分布到亚洲的热带地区。

棟本身也是一种速生树种，而且对生长环境耐受性强，在酸性至碱性土壤中均能生长，因此非常适合作为绿化树种。不论城市还是乡村，不论公园还是庭院，均能见到棟的身影（图05）。另外，棟的边材黄白色，心材黄色至红褐色，纹理精美，易于加工，所以棟又是非常受欢迎的木材用树。而古人对棟的速生、木材耐用等特性也有所认识，《本草纲目》中就有记载："棟长甚速，三五年即可作椽，其子正如圆枣，以川中者为良。"

棟在传统医学中常被用作杀虫除癣，以及土农药。植物化学等学科的研究表明，从棟的植物体中可以提取分离苦棟素、生物碱、树脂、鞣质等物质。其中，科研人员对苦棟素的研究最为集中，这是一种呋喃三萜类化合物，经过实验验证其具有杀虫抑菌等活性，有比较重要的药用研究价值。

除上述应用外，棟的果实可用于工业酒精的生产，而果核的硬壳也可用于活性炭的制造。

（作者：卢元）

图 05　棟在城市绿化中的应用

大吴风草

秋风中一抹金黄

深秋季节，在上海许多公园的花境或绿化带的荫蔽处，常能看到一种金黄色的小菊花盛开着，它迎着瑟瑟秋风绽放出傲人的身姿。那一抹金黄的色泽在沉重的背景中十分抢眼，在圆润叶片的衬托下显得十分可爱。这，便是深秋里十分常见的草本花卉——大吴风草。

1. 这荷叶状的叶子竟是菊科植物

大吴风草（*Farfugium japonicum*）最突出之处，便是它的叶子。马蹄形、硕大如荷叶的圆叶片（图01），和菊科那种常见的条形叶差别太大，它们在不开花的时候，只会让人想起冬瓜或者南瓜叶。殊不知，它们竟也是菊科植物！直至开花，一根根粗壮的花葶之上，拥簇着一团团金黄色的典型菊科花朵，这时你才能猛然意识到：原来这瓜叶模样的植物竟也是一种菊花！（图02）

大吴风草的叶子全部基生，叶片肾形，叶缘形态变化很大，从几乎全缘、有小尖齿、具缺刻状齿直至呈现掌状浅裂均有。通常长4～15厘米，宽6～30厘米，叶柄长10～38厘米。除了绿色的品种，现在也有很多斑点大吴风草，叶子上布满星星点点的黄色斑点（图03），好像阳光洒在叶片上，增加了几分温暖和跳跃的气氛。大吴风草花葶粗壮，高30～70厘米，头状花序排列成疏伞房状，花黄色，

图 01 大吴风草植株

图 02 大吴风草开花　　　　　　　　图 03 斑叶品种

总苞钟形，花果期 7—10 月。

大吴风草的花是很典型的菊科，外围是没有繁育能力的舌状花序，中心是密密麻麻负责繁殖的管状盘花。花期很长，可以从盛夏一直开放到冬天来临。那菊科标志性的小花凋谢之后，就会结出很像蒲公英的果实（图 04）。

2. 大吴风草这名字从何而来？

大吴风草是多年生草本植物，因为叶片像莲叶，所以又有八角乌、活血莲、一叶莲、独角莲等别名。它在民间以全草入药，有活血止血、散结消肿之效。

图 04 果实

关于大吴风草的名称由来,《本草纲目》中有一条名为"薇衔"的条目,条目之下还有麋衔、鹿衔、吴风草、无心、无颠等很多别名。其下两条注解值得重视。一是苏恭曰:"南人谓之吴风草。一名鹿衔草,言鹿有疾,衔此草即瘥(chài)也。此草丛生,似茺蔚(益母草)及白头翁,其叶有毛,赤茎。又有大、小二种:楚人谓大者为大吴风草,小者为小吴风草。"二是李时珍引郦道元《水经注》云:"魏兴锡山多生薇衔草,有风不偃,无风独摇。则吴风亦当作无风,乃通。"

3. 曾经也是御花园中的宫廷花卉

大吴风草的适应能力很强,对环境的要求不高,而且很耐寒,在长江流域以南地区,冬天里叶子也能保持常绿的形态。此外,不招病、不招虫的特性也使得大吴风草成为一种极好的园林地被植物,并且很早就种植于宫廷花园之中。

《中国植物志》"大吴风草"条目下,有一条记录:"本种早在

图 05 罗伯特·福琼

1856 年就由 Fortune 从我国清朝宫廷的花园中引至英国栽培，并选出了一些栽培品种。"

这位 Fortune，全名是 Robert Fortune（罗伯特·福琼，1812—1880）（图 05）。他本是一位苏格兰植物学家，后受东印度公司差遣，先后潜入我国茶叶核心产区，盗取两万多株优质茶种，并成功引种至印度加尔各答和斯里兰卡，还将制茶工艺和技术完整复制过去。印度茶叶由此崛起，而中国在世界茶叶贸易中的份额，由绝对垄断地位的 92%，一路下跌至 6%。中国茶叶贸易和鸦片贸易之间的平衡被打破，经济入不敷出，国力由此衰弱。大吴风草居然和茶叶大盗也有关系，真是让人惊异！

大吴风草，在冬春以自己美丽的叶子展示自己，而在夏秋又不忘记以典型的菊科小花表达自己的真实身份。它永远都在不同的时期展示自己美丽而又特别的一面。

（作者：莫海波）

海滨木槿

耐热耐盐碱的海岸卫士

　　提起木槿，人们并不陌生，"仲夏之月，木槿荣"，7月至9月，烈日炎炎，正是绿肥红瘦之时，然而木槿属植物不惧酷暑，渐次登场。北方常见的木槿（图01），南方常见的扶桑，都是著名的园林观花灌木，高温的夏季正是它们一年中最灿烂的时节。近几年，木槿家族中的一个新秀，以其优良的耐热、耐盐碱等特性获得了园林行业的一致好评。它就是海滨木槿。

图01 木槿

1. 华东区系特有植物

海滨木槿（*Hibiscus hamabo*），因其可在潮起潮落的海滨地带正常生长而得名，又名海槿、海塘树。它是锦葵科木槿属的一种落叶灌木，原产我国浙江舟山、宁波一带沿海岛屿，在日本、朝鲜也有分布，为华东植物区系中的特有植物。

海滨木槿一般高约 2 米，枝叶茂密，树皮灰白色，叶片近圆形，宽稍大于长，厚纸质，两面密被灰白色星状毛。花单生于枝端叶腋，花冠钟状，常稍微下垂，直径约 5～6 厘米，花瓣初开时为金黄色（图 02），快凋落时变成淡橙黄色，花瓣基部有明显的深紫色斑。果实为蒴果，常于 10—11 月成熟。

图 02 海滨木槿

海滨木槿花大色艳，花期从 6 月初到 9 月，长达 4 个月。因其枝繁叶茂，花色金黄，绿叶与黄花相互辉映（图 03），煞是好看。11 月中旬开始落叶，12 月叶片全落。落叶前，叶色陆续转为血红色，在

图 03　海滨木槿花枝

深秋的阳光照耀下，分外引人注目，构成江南秋景中一道亮丽的风景线。

2. 耐热耐盐碱的海岸卫士

海滨木槿能在我国沿海地区土壤 pH 为 7.5 ～ 8.5 的盐碱地中正常生长，具有非常强的耐盐碱能力，对土壤的适应性很强。海滨木槿生性喜光耐热，抗风力强，能耐短期水涝，也略能耐干旱，既能耐夏季40℃的高温，又可抵御冬季 -10℃的低温，是华东地区城市绿化的理想植物。

因长期适应海岛上的严酷生长环境，海滨木槿生来就具有很强的抗风和耐海水浸渍的能力。另外，已有研究报道称，本种耐盐碱、抗污染能力十分强悍，且根系发达，能够起到很好的防风和固沙作用。这使用海滨木槿作海岸防风林，不仅具有比较好的观赏价值，还具有抗海风、固堤岸的作用，俨然是一列列优秀的"海岸卫士"。

此外，海滨木槿除了用于海岸防风林外，也是庭院绿化的好材料。该种树形美观，花大而美丽，花期从夏季至初秋，正好为盛夏少花期

图 04 海滨木槿秋色叶

图 05 黄槿花朵

间填补了空白。除了观花外，海滨木槿的叶片在秋季会转橙红色（图 04），也是十分美丽的秋色叶树种。

3. 同属姐妹花：黄槿

海滨木槿与同属植物——黄槿（*Hibiscus tiliaceus*），有很多相似之处，两者均能开出明亮的黄色花朵（图 05），且叶形均为心形。因此，如不仔细辨认，是很容易混淆的。黄槿主要分布于南亚、东南亚至太平洋热带海岛，在我国仅自然分布在广东、海南、福建、台湾等南部沿海地区，目前在热带、亚热带地区也有广泛种植。

黄槿与海滨木槿的自然分布地没有重合，前者在南方热带地区常见，后者只在华东地区较常见；前者的株型长得比较高大，一般为小乔木或大灌木，株高 4～10 米，而后者一般为大灌木，株高 2～5 米；前者的小枝和叶片正面通常光滑无毛，只在叶背有较多的灰白色星状毛，而后者小枝、叶片两面均有较多的灰白色星状毛，摸起来比较粗糙。前者叶片更大，直径通常在 10 厘米以上，而后者叶片直径通常不超过 10 厘米。

（作者：莫海波）

金丝桃

状若桃花，蕊如金丝

　　每年的 5 月末至 6 月初，华东地区正式步入了生机勃勃的初夏时节，此时街头绿地最引人注目的当属盛开着金黄色花朵的金丝桃（图01），平日里一副默默无闻的小灌木此时缀满朵朵黄花，在阳光照射下灿若黄金，显得格外熠熠生辉，耀眼夺目。

图 01 盛开的金丝桃

1. 金丝桃，可不是能吃的桃子

金丝桃属（*Hypericum*）原归于藤黄科（Clusiaceae）下，最新的APG Ⅳ分类系统对藤黄科进行了拆分，金丝桃属与黄牛木属等几个小属组成新成立的金丝桃科（Hypericaceae）。金丝桃属是金丝桃科中一个比较大的家族，广泛分布于欧亚和北美大陆，全世界约有500种，我国境内约有64种，以西南地区种类最多。

作为金丝桃属的代表种类，金丝桃（*Hypericum monogynum*）有着状若桃花、灿若金丝般的花朵，全株盛放时金光四射、惹人喜爱。每年5月中旬至6月集中盛放一次，是我国南方初夏时节优良的观赏花木。

图02 金丝桃雄蕊特写

仔细观察金丝桃的花特别有意思，花瓣5枚，完全分离，朝一个方向旋转排列。雄蕊数量非常多，约有150枚，花丝基部明显联合成5束（图02）。每束约有30枚雄蕊，它们围绕在雌蕊的周围，形成一圈金色的"包围圈"，别样美丽。这种类型的雄蕊在植物学上称为"多体雄蕊"。金丝桃的雄蕊不光数量多，长度也非常显著，几乎与花瓣近等长，金黄色的花丝呈放射状排列，尤如一团腾空而起的烟花，看起来非常醒目。

金丝桃这名字虽然听上去很好吃，然而你若要问金丝桃能不能吃，答案可能要让你失望了。因为金丝桃属植物结出来的果实是"蒴果"，果皮里没有鲜美多汁的果肉，还比较坚硬，成熟后会开裂，散播出里面的种子。

金丝桃原产我国华东（江苏、江西、安徽、福建等）、华中（湖北、湖南等）及西南（四川、贵州）地区，其生性强健，喜温暖湿润环境，可全光照也耐半阴，栽培养护容易，具有耐旱、耐修剪、不易感染病虫害、对土壤要求不严等优良特性。开花后进行适当的修剪，可保持良好的株型，且年年均能开花繁茂，是十分容易栽培的观花灌木资源，值得在城市园林中推广应用。

2. 金丝桃的常见姐妹花

园林中除金丝桃比较常见外，在我国西南至华中地区还常见栽培有金丝桃的姐妹花——金丝梅（图03）。它的花由于花蕊较短，整体看起来更像梅花，故而得名。它的花期也较晚，可以从6月一直延续到8月，因为盛放之始正好是在芒种时节，所以当地俗称"芒种花"。又因为金丝梅花瓣先端具有细碎的啮齿状刻蚀，就像边缘被打碎了的碗，于是滇西北的人们也形象地称其为"打碗花"。

图 03 金丝梅

遗憾的是，金丝桃和金丝梅这两种植物主要产于黄河流域以南，因此耐寒性较差，冬季不耐长时间低温，在华北以北地区不能露天越冬，但在长江中下游及西南地区则是非常常见的绿化带植物。

不过，北方也有几种耐寒的金丝桃属草本种类可供观赏，如黄海棠（*H. ascyron*），又称红旱莲，单朵花直径可达8厘米，可以说是本属种类中花最大的种类。另外常用作中草药的贯叶连翘（*H. perforatum*）（图04）是本属

图 04 贯叶连翘

中广泛分布于欧亚大陆的草本，在国外称作 St. John's Wort（圣约翰草），是欧洲最传统的草药之一，通常在夏至前后开花，人们会在 6 月 24 日圣约翰节这一天将这种草药悬挂于门上，以驱逐邪灵、庇护人畜。除了入药，贯叶连翘花开繁密，也可作宿根草花应用于园林中。

近年来，华东地区城市还从国外引入了冬绿金丝桃（*H. calycinum*）、密枝金丝桃（*H. densiflorum*）、三色金丝桃（*H. × moserianum* 'Tricolor'）等国外种类及栽培品种，极大地丰富了观赏金丝桃的种类，让初夏时节的观花灌木资源有了更多的选择。

3. 插花界的宠儿 —— 观果金丝桃

除观花外，近几年园林中也新引进了不少用于观果的金丝桃属园艺种类（图 05）。这些观果品种果实颜色亮丽，挂果时间长久，因此专门作为切花材料销售。它们多为杂交种无味金丝桃（*H. × inodorum*）的品种，其中红果品种最为常见，商品名一般称为"相思豆"或"火龙珠"，此外也有粉、橙、黄、绿等不同品种。虽然观果金丝桃果实好看，但它的花比金丝桃可小了不少。当然，细看倒也十分精致。

（作者：莫海波）

图 05 观果类金丝桃

木槿

朝开暮落木槿花

　　入夏以来，开得最为勤奋的木本花卉可能要数木槿花了，近年来园林中相继引入不少木槿花优良品种，不仅有红、粉、白等传统色系，而且出现了少见的蓝紫色系，它们群体花期长，颜色靓丽（图01），还有很强健的生长习性，适宜于粗放管理。这些五彩缤纷的木槿花已成为夏日里最令人瞩目的花朵。

图01 盛开的木槿

1. "朝开暮落" 木槿花

木槿（*Hibiscus syriacus*）为锦葵科木槿属落叶灌木，株高 2 至 3 米，夏秋季开花。在《诗经》中木槿有一个美丽的名字"舜"，诗句"有女同车，颜如舜华"，即是借木槿花的美丽赞美女子的容貌。清代词人叶申芗在《清平乐》中描述木槿"比似红颜多命薄，休怨朝开暮落"，则为木槿平添了一个略带伤感的称谓："朝开暮落花"。此外，木槿又名"无穷花"和"篱障花"，表明它是一种群体花期很长，并且枝叶繁密、可以做绿篱的植物（图 02）。

木槿花的花语为"坚韧、质朴、永恒、美丽"。唐代诗人崔道融《槿花》一诗道："槿花不见夕，一日一回新。东风吹桃李，须到明年春。" 诗句道出了木槿花具有顽强的生命力，从仲夏可以开到初冬，蕾不断，花不断，绵延不断，像一个沉静、含蓄、顽强的女子，花开花落人如旧。

木槿花在我国有着悠久的栽培历史，不但是我国传统名花，同时也被韩国推崇为国花。韩国于 1990 年将白瓣红心的木槿定为国花（图

图 02 木槿绿篱

03），以白色花瓣象征公正、诚实、廉洁，以红色的花心象征韩国人热烈而执着的性情。

2. 优良的夏季花木

木槿花盛开于炎热少花的夏季，花开灿烂，并且生性强健、养护简单，自古以来就是深受我国人民喜爱的庭院花卉。随着文化的交流和传播，目前在整个南北半球亚热带及暖温带地区都有广泛栽培。在长期栽培过程中，其品种培育也备受欧美、韩日等多个国家和地区的园艺师关注。

据不完全统计，全世界已有200多个木槿的园艺品种，因而木槿的花色和花型都得到了极大的丰富和改良：在花色上分有白、粉、红、紫、复色等不同色系，在瓣型上有单瓣、半重瓣、重瓣等品种，在株型上则涌现出帚枝型、垂枝型等不同冠幅和高矮的品种。这些为园林绿化中不同的造景需求提供了丰富多样的选择。

近年来，我国园林市场上也引入了不少优良品种，像'红心''阿芙洛狄''蓝鸟'（图04）等，一经市场推出，便吸引了不少园艺从业

图03 白瓣红心的木槿品种　　　　　　图04 木槿"蓝鸟"

者和花友的喜爱。

3. 秀色可餐的鲜花

木槿花自古便是药食同源的食材,《广群芳谱》云:"湖南北多植为篱障。花与枝两用。皮及根甘平滑无毒,作饮服,令人能睡。花,作汤饮,治风皮,治疮癣。"此外,木槿的叶子含较多的皂苷和多糖类成分,其浸出液自古以来被用来洗发,洗后头发柔顺光亮。

木槿花的营养价值极高,含有蛋白质、脂肪、粗纤维,以及还原糖、维生素 C、氨基酸、铁、钙、锌等,并含有黄酮类活性化合物。木槿花蕾,食之口感清脆;完全绽放的木槿花,食之滑爽。

图 05 木槿鲫鱼豆腐汤

欧洲人的餐桌上会将木槿与冰激凌、布丁、饼干一起食用,并用木槿花汁制成糖浆、花茶、香皂等。其汁液具有止渴醒脑的保健作用。高血压病患者常食的素木槿花汤菜(图 05)就有良好的食疗效果。

(作者:莫海波)

缫丝花

没见过缫丝花，总喝过刺梨汁吧？

春夏之交是蔷薇属植物遍地开花的时节，除了四处可见的蔷薇、月季、玫瑰外（图01），还有一种形如玫瑰的蔷薇属姐妹花——缫丝花。此时正值盛花期，其花朵较大，花瓣平展，呈深玫红色，花心处镶有一圈金黄色的雄蕊（图02），其美艳程度丝毫不逊色于月季或玫瑰。

缫丝花

唐·齐己

根本似玫瑰，繁英刺外开。

香高丛有架，红落地多苔。

去住闲人看，晴明远蝶来。

牡丹先几日，销歇向尘埃。

图01 月季园盛景

图02 缫丝花特写

1. 花如玫瑰的缫丝花

缫丝花（*Rosa roxburghii*），从古至今、从国内外流传而来的别名颇多，俗称野刺梨、刺蘪、送春归、十六夜蔷薇。"缫丝花"一名来源于《植物名实图考》："缫丝花一名刺蘪，叶圆而青，花俨如玫瑰，色浅紫而无香；枝萼皆有刺针，每逢煮茧缫丝时花始开放，故有此名。"如今，生活在现代城市里的人，想必对"缫丝"这件事也已经很陌生了吧？

缫丝花的花朵硕大，颜色紫红，在"美女如云"的蔷薇属原生种里算是相当漂亮的了，比起木香、荼蘪、蔷薇、玫瑰毫不逊色。明朝王象晋的《二如亭群芳谱》里，描述它的花是"似玫瑰而大，艳丽可爱，惜无香耳"。这里的"玫瑰"，说的并非现代花店里售卖的品种（杂交现代月季），而是原产我国的真玫瑰（*R. rugosa*）（图03）。

图 03 玫瑰

虽说美艳程度与月季、玫瑰不相上下，但缫丝花目前在园林中应用还不算太广泛。这也让部分人可能只闻其名，未见其实。与玫瑰相比，缫丝花的小叶数量更多，多达 9 ～ 15 枚之多（玫瑰小叶数多为 7 ～ 9 枚），但花香没有玫瑰那般馥郁。另外，缫丝花的花期也较长，5—7 月均有花赏，不像玫瑰 4—5 月一过就没有花了。

2. 没见过缫丝花，总喝过刺梨汁吧？

缫丝花最为大众所熟知的部分就是它的果实，表面密被针状刺，成熟后呈金黄色的扁球形，俗称野刺梨（图04）。虽然外形让人难以接近，但果实味道还是让人怀念的。果实味甜酸，含大量维生素，可供生食或用来制作果汁、蜜饯，甚至还能酿酒。

图 04　缫丝花果实

见过真玫瑰的人应该对它的刺已经有所了解，密密麻麻的针状刺将枝干保护得密不透风。缫丝花也毫不示弱，尤其在果实和萼片表面，更是戒备森严。因此古人称呼它为"刺蘼"，英文里则叫它"Chestnut Rose"（栗子玫瑰），这或许是它花蕾多刺，犹如板栗外壳的缘故吧。

缫丝花原产于我国华东及西南等省区，各地多有栽培，喜温暖湿润和阳光充足的环境，适应性强，较耐寒，稍耐阴，对土壤要求不严，是非常皮实易种的庭院花卉。它的枝条上常有密集的刺，再加上枝繁叶茂的株型，使得缫丝花天然具有绿篱植物的应用潜能。不过，也因为多刺，让人多了几分疏离感。花单朵着生，原生种常有 5 枚紫红色花瓣，园

图 05　重瓣缫丝花

艺上有重瓣品种（图 05）。将缫丝花翻到背面，可见子房外面密被的针状刺，这里将来会长大成具刺的果实。

（作者：莫海波）

石楠

石楠树上花纷纷，路上行人欲断魂

春天里来百花开，百花深处有异香！相信不少人在这个季节都能闻到一种奇特的花"香"味，充满了某种神秘力量，所到之处令人闻之色变，又难以形容这种气味到底是什么……没错，这种难以描述的气味正是石楠花散发出来的异香！

1. 路边常见的绿化树

图 01 石楠植株

石楠最早写作"石南"，按李时珍的说法，因为它"生于石间向阳之处，故名石南"。但后人觉得"石南"没有草木之名常有的偏旁部首，于是便改为"石楠"，这样更符合中文用字习惯。石楠树有着旺盛的生命力，树叶特别茂密（图01），且四季常青，很早就被古人应用在庭院里，春季赏其新叶，夏季

纳其荫凉，秋季观其红果（图
02）。兼之石楠皮实好活，南北适
宜，于是在现代园林中也非常受
欢迎。

图 02 石楠果实

正是由于南北广泛种植，于
是当石楠树开花的时候，它散发
出的神秘气息便成为时下大众调
侃的焦点。无数网友还为它举办
成语表情包大会，盛况空前，可
谓是这四月里当之无愧的 C 位了。我们一起来瞧瞧它的真面目吧。

石楠的学名为 *Photinia serrulata*，属名 *Photinia*（以及英文名
photinia）来自古希腊语 *φωτεινός*（phōteinos），意思是"闪亮的"，
指的是它的叶片上表面光滑、亮
光闪闪。种加词 *serrulata* 的意
思则是"有小锯齿的"，描述的
则是叶片边缘。就连园艺界也很
重视石楠叶子的观赏性，特意
把它和同属另一种光叶石楠（*P.
glabra*）杂交，得到了红叶石楠
（*P.* × *fraseri*）（图 03）及其流行
品种'红罗宾'（'Red Robin'）。
目前这两者几乎在全世界都有
栽培。

图 03 红叶石楠

然而事实证明，广大人民群众并不在意石楠的外形怎样，把它推
上风头浪尖的事件是它开出满树白花（图 04、图 05）时所散发的那股
令人窒息的味道。

石楠

图 04 盛花时的石楠

图 05 石楠花序特写

2. 不可描述的神秘气息

不少植物的花朵精油含有相当数量的胺（àn）类，分子量比较小的胺类几乎都是气味令人深感不快的挥发性物质。根据 2006 年瑞典和德国的 4 位学者对约 270 篇与花朵气味分析相关的文献汇总，我们得知，有些植物的花朵精油中含有相当数量的胺类，而且这些植物集中在两个科——天南星科和蔷薇科里。

天南星科有不少植物的花以恶臭著称，比如花序巨大、很多年才开一次花的"尸花"巨魔芋（*Amorphophallus titanum*）就是如此。在蔷薇科中，花朵气味含胺类的植物又集中于梨亚族（Pyrinae），相当于传统分类中的苹果亚科（Maloideae）。以山楂属（*Crataegus*）为例，它的花朵能释放出三甲胺和 N- 亚甲基乙胺。三甲胺我们并不陌生，因为它是海鲜腥味的主要成分。

除了山楂外，梨亚族的栒子属（*Cotoneaster*）、花楸属（*Sorbus*）、

图 06 豆梨

梨属（*Pyrus*）的花也都能散发以三甲胺为主的胺类。其中最值得一提的便是豆梨（*Pyrus calleryana*）（图 06），这是一种原产于中国东部的梨属乔木，引种到美国以后成为当地重要的观赏树种。它的花极为浓密，所以盛花时的气味也很大。很多美国人将这种花的气味形容为"烂鱼味和精液味相混杂的味道"，这也让它在美国俚语中赢得了"精液树"（semen tree）的诨名。

石楠属也是梨亚族的成员之一，按说我们可以推测，其花的气味可能也是小分子胺类所导致的。不过，事情没有这么简单、直接。

2013 年，中国研究者对石楠花的挥发成分做了研究分析，结果显示石楠花挥发的物质中含有 33 种主要化合物，这些化合物的总体积含量占到了总挥发油的 93.8%。然而，这 33 种化合物并不包括三甲胺或者任何一种小分子胺，其中只有 2-（4-甲氧苯基）-乙胺和 3-甲基-N-（2-苯乙基）-1-丁胺这两种胺类物质，但这两种胺类在挥发油里的含量分别只有 0.8% 与 0.7%。对石楠的分析同时还显示，石楠花精油中含有极丰富的苯甲醛（63.9%）和一定含量的苯乙醇（3.9%）。苯甲醛是杏仁的风味物质，苯乙醇则有清甜的玫瑰花香。这些气味分子掺杂在一起，或许便是让石楠花闻起来既不是山楂的鱼腥味，又不像豆梨那样不可描述，但却令人感到窒息的原因吧。

（作者：莫海波）

月季、玫瑰、蔷薇

代表爱情的 ROSE 三姐妹

月季、玫瑰和蔷薇这 ROSE（谐音"肉丝"）三姐妹让人傻傻分不清，到底有什么区别？老外情人节送的所谓"玫瑰"是"真玫瑰"还是"月季"？要想理清这个问题，我们还得从概念出发……

1. 怎样界定蔷薇、月季、玫瑰的范畴？

Rosa（蔷薇属）是蔷薇科底下一大类近缘植物组成的家族，全世界有近 200 个野生种，广泛分布于北温带地区。东西方都有自己的特色物种，但是对于怎么给这类植物取名，东西方却存在一些明显的差异：

在西方人日常生活中，他们倾向于简化，统称这类植物为"*rosa*"（这是拉丁语词源，英语里说"rose"），但是在科学研究中，他们又非常谨慎，并使用非常严谨的拉丁名区分不同物种。

而东方汉语里一般不统称，而是用不同的名字分别称呼这类植物。举几个例子，常用的有"蔷薇""刺玫""玫瑰""月季""木香""荼蘼"等，其中"蔷薇""月季"和"玫瑰"最常见。

蔷薇

汉语中泛指中国本地月季和玫瑰之外的此类植物，尤指小花簇生、小叶较多的攀缘种类，每年生长期内仅短暂地开一次花。可特指野蔷

薇（*Rosa multiflora*）（图01），也
称为多花蔷薇。园林上的栽培蔷
薇品种如'七姊妹''粉团''白
玉堂'等均来源于对它的选育。

如今，中国的植物学界和
园艺界通常用"蔷薇"泛指一
切 *Rosa*（蔷薇属）的植物，比如
园艺学中，西文名称中带有诸如
"rosa/rose"字样的品种，若没有
惯用的译法，就译作"某蔷薇"；
在植物学中，*Rosa*（蔷薇属）的
野生种如果没有惯用的中文名，
也称其"某蔷薇"，如原产欧洲至
西亚的犬蔷薇（*Rosa canina*）。

月季

汉语中原指中国本地的传统
花卉月季花（*Rosa chinensis*）（图
02），株型直立，品种繁多。英
语称其为"Chinese rose"。大花
常单生，多种颜色，小叶 3～5
枚，叶面相对光亮。其备受关注
的特性是可以在一年之中多次开
花，这是所有西方原产的蔷薇属
植物所不具有的，也是让现代月
季发扬光大的优良基因。

如今称作"月季"的植物除
了中国传统的月季，还泛指由月

图01 野蔷薇

图02 月季花

季杂交培育而成的现代杂交 rose（有时称作"杂交月季"）。目前全世界培育出的月季品种达上万个，不仅包括直立的灌木状月季，还包括攀缘的藤本月季、匍匐型的地被月季，以及小花型月季，因此这让月季和蔷薇的区别显得有点模糊。

在月季花的园艺史上，根据有无原产中国的月季参与杂交培育，将由西方本土蔷薇属植物杂交培育而来的 rose 称为 old garden rose（西方古典蔷薇／玫瑰），包括法国蔷薇、波旁蔷薇等。而在有中国月季参与杂交培育而来的 rose，则称为 modern rose（现代月季）。

玫瑰

汉语中原指中国本地的香料植物玫瑰（*Rosa rugosa*）（图 03），英语称其为 rugosa rose（皱叶蔷薇）或 Japanese rose（日本蔷薇）。大花常单生，紫红色至白色，小叶五至九，叶面褶皱。它在观赏领域不如月季受欢迎，因为刺比较密集且花只开一季，在园林中较少种植，通常用于制作古法的玫瑰糖、玫瑰茶等。

图 03 玫瑰

西方传统的各种用于观赏或香料的 rose，比如著名的大马士革玫瑰（Damask rose，*Rosa × damascena*）及其杂交品系传入中国后也被称作"玫瑰"，但这些西方传统的 rose 和中国本地的玫瑰其实很不一样。西方传统的 rose 及其杂交品系在叶片和茎干皮刺方面都有所不同，但都具有浓郁的香气，花瓣比较柔软，除作香料和精油外，还经常出现在云南的鲜花饼中。

2. 植物学上如何严谨地区分三姐妹？

我们可以从这几种植物的外观特征上进行详细的对比，从而找出关键区分点。

蔷薇

Rosa multiflora

别名：多花蔷薇、白玉棠

均为攀缘藤本，茎干细长，枝条蔓生或攀缘多刺。茎或花梗疏生三角形皮刺。

羽状复叶，小叶 5 ～ 7 枚，叶片较小。

花小型，常多朵簇生，呈圆锥状伞房花序，生于枝端。常为单瓣或半重瓣，花色多为红色系。

花期仅 4—5 月一季，不能多季开花。

月季

Rosa chinensis 或 *Rosa hybrida*

别名：月月红、长春花

株型多样，从匍匐低矮小灌木至单干树形月季、藤本月季均有。茎或花梗疏生三角形皮刺。

羽状复叶，小叶 5 ～ 7 枚，叶面常具光泽，表面较平滑，无皱纹。

花型多样，从单瓣至全重瓣均有，花色丰富，有白、红、粉、黄、紫、淡绿等多种色彩，亦有条纹及斑点或复色。

一般能多季开花，能从 4 月一直开到 11 月左右。

玫瑰

Rosa rugosa

别名：徘徊花、刺玫花

直立灌木；枝干健壮，密生细针刺和刚毛（图 04），花梗较短。

羽状复叶，小叶 5 ～ 9 枚，叶面不具光泽，叶脉下陷使叶面看起来比较皱（图 05）。

花型通常较平展，有单瓣半重瓣及重瓣品种，花色仅紫红、粉红或白色，无黄色。

花期仅 4—5 月一季，不能多季开花。

图 04 玫瑰皮刺

图 05 玫瑰叶片

3. 代表爱情的 ROSE 到底是月季、玫瑰还是蔷薇？

不论西方传统 rose 还是和月季杂交培育而成的现代杂交 rose，在西方数千年里一直是爱情与美的象征。西方人对于象征爱情的 rose 的定义是非常宽泛的，根本不存在什么真假 rose 问题。

当 rose 这个英语单词随着芬芳的精油和浪漫的诗句进入中国，当时国内要对它进行汉化，如何称呼它便成了问题。早期的翻译家思来想去，只好借用一种国产植物的汉名来翻译它 —— 把 rose 统统翻译为"玫瑰"，于是搞得"西方传统玫瑰"和"中国传统玫瑰"在汉语中含混不清。这也算得上是翻译界老前辈留下的麻烦问题。

实际上，古代西方人几乎都没见过汉语原本的玫瑰（*Rosa rugosa*）长啥样，中国人其实也不太明白西方人眼中的 rose 指的到底是哪些植物。在现代月季培育出以后，这些改良品种由于在花色、花型、花期、品种抗性等方面具有更好的特性，已经成为市场上的主流 rose 类型，因此也顺理成章地继承了爱情的象征。

现在大家在市场上能买到的 rose 其实都是现代月季品种，但是为了销售时显得更有档次，商家不叫它们为月季，当然还是因为玫瑰花的名字听上去更加浪漫、更有格调！不过无论叫什么，也无论是月季、蔷薇或玫瑰，这些美丽的 rose 内核都是一样的，都能代表爱情！

（作者：莫海波）

柊树

冬日里来柊树开

图01 柊树

每年立冬过后，伴随着凄风冷雨气温骤降，可供人们欣赏的花花草草日渐稀少，然而，令人意想不到的是，在寒风呼啸的冬日，竟然还有一种常绿植物在悄然绽放白色的小花（图01），时不时散发出阵阵扑鼻清香。这便是在冬日里开花的柊（zhōng）树，树上朵朵白色小花芬芳馥郁、沁人心脾，花香虽不似桂花浓郁和甜润，但在冬日里却有一番甘醇和清冽。

1. 不畏寒冷的刺桂

柊树（*Osmanthus heterophyllus*）原产于我国台湾和日本，与桂花同为木樨科木樨属的常绿小乔木。作为桂花的同属近缘种，柊树因其叶片有刺，花似桂花，因此常被俗称为刺桂。

它的叶形非常多变，不过并非每片叶子边缘都有刺。仔细观察就可以发现，同一株上的叶子边缘从多刺到无刺之间有许多过渡的变化（图02）。一般来说，幼年小树是以带刺的叶片居多，成年树上刺叶通常在树下方，而无刺叶则生长在较高的地方——这应该是植物为防止草食动物取食所采取的一种自我保护机制。

图02 叶缘尖刺的过渡形态

柊树带刺的叶片和冬青很相似，很多人都分不清。其实，我们可以从它们叶片的排列方式上来进行区分：柊树枝条上相邻的两片叶子是相对着生的，而冬青（图03）则是左右两片相互交错的。

图03 冬青

柊树的花跟桂花一样小，白色，也有好闻的芳香味，数朵小花簇生于枝条的叶腋内。仔细观察，它的白色小花有 4 个裂片，基部是愈合在一起的，跟桂花的形状一样。柊树的花期一般在每年的 11 月至 12 月，果实是深紫色的卵球形，要到第二年的 5 至 6 月才能成熟，但不容易见到结果的植株。

柊树枝叶密集，四季常青，可作为观赏性的绿篱和庭院树栽种（图04）。目前在华东地区的园林中栽培的柊树有许多品种，其中有一个品种叫花叶柊树（图05），又名彩叶刺桂，是众多常绿的木樨属品种中罕见的花叶品种，作为常绿的彩叶树应用效果极佳，不过在园林景观应用上尚较少见。

图 04 柊树植株

图 05 柊树花叶品种

2. 传说能辟邪驱魔的神奇树木

在日本，柊树发音与"疼痛"发音相同，因为它叶子上的刺会刺伤触摸它的人，因此，柊树自古以来一直被认为是有祛邪效果的植物。在日本，人们经常在家门口或庭院入口对栽两株柊树，在节分时人们会在柊树枝上悬挂沙丁鱼头，用鬼怪所讨厌的沙丁鱼的气味和柊树叶的刺以达到辟邪的目的。这种类似的传统习俗不仅在日本有，在西方国家也有。比如圣诞节期间人们会用叶缘带刺的欧洲冬青来制作成圣诞花环悬挂在门上，不仅装饰效果好，而且是西方文化中一种驱辟鬼怪的传统风俗。

（作者：莫海波）

绣球

绣球花：花开无尽夏

伴随着气温的快速回升，缤纷多彩的夏花在仲夏时节绚烂绽放。其中，以花型和花色变幻莫测著称的绣球花尤为引人注目，那清新淡雅又俏皮可爱的团状绣球连成一片壮观花海，为人们带来些许清凉的体验。

1. 绣球为何又名"八仙花"

绣球（*Hydrangea macrophylla*），别名八仙花、紫阳花，为绣球科（原为虎耳草科）绣球属植物。原产我国、日本和朝鲜。其花序大而密集，花开时节，花团锦簇，常见花色有红、粉、蓝、白等多种，令人悦目怡神，是极好的观赏花木。

它的花序可分为两种类型。一类为花序扁平，边缘具有数枚大型、只有萼片（花瓣状）构成的不育花，而内部则为多数花瓣、雌蕊、雄蕊齐全的可育花（图01）。由于边缘的不育花大多为

图01 同时具有不育花和可育花的绣球

8～10枚，好似八仙聚首，八仙花之名由此而来。而另一类花序则呈球状，完全由大型不育花组成（图02），远远看去好像滚动在绿叶之间的多彩绣球（古代女子的绣球），因此就有了"绣球"之名。

图02 花序全部为不育花的绣球品种

图03 翠雀素葡萄糖苷分子式

2. 绣球花的变色之谜

绣球花不仅花大美丽，而且其惹人喜爱的是花瓣具有变色特性：初开时白色，后为黄绿色，渐转蓝色或粉红色，最后变为蓝色或红色。为何绣球会变色？

研究表明，绣球的花色是由一种属于花青素类的花色素苷引起的，这种色素首先在翠雀属植物中发现，并被命名为翠雀素葡萄糖苷（Delphinidin 3-glucoside）（图03）。与一般种类的花青素"酸红碱蓝"所不同的是，这种色素苷与铝离子结合后才能生成蓝色色素。

所以，当绣球种植在酸性土壤条件下时，土壤中的铝离子容易游离出来并被绣球花吸收，进而开出蓝色花。而在碱性条件下，土壤中的铝离子处于结合态，不能被绣球花吸收，因而开出红色花。这就是绣球花"酸蓝碱红"的原因。

对绣球花进行调色，主要得满足两个条件——偏酸性的土壤和土壤基质中有丰富的游离态铝离子。在上海等沿海地区，地表水和土壤都偏碱性，所以绣球花容易呈红色。要调成清新梦幻的蓝色，需要在绣球的萌芽期（也就是开春时）在土壤中加入适量的硫酸铝颗粒，并持续使用偏弱酸性的水进行浇灌。只有这样，才能使绣球开成理想中的蓝色调。

3. 绣球花三姐妹

其实，中文名叫"绣球""八仙"的植物有很多，比较常见的除了绣球花外，还有忍冬科（现为五福花科）的绣球荚蒾和琼花。不过，后两者主要在春季开花，花色以白色至淡绿色为主。

下面（图04）这些都是绣球。

中文名：八仙花、绣球花、紫阳花（另外还有草绣球，大叶绣球的叫法）

图 04 绣球品种

学名：*Hydrangea macrophylla*

科属：虎耳草科 Saxifragaceae（现为绣球科 Hydrangeaceae）绣球属 *Hydrangea*

落叶小灌木，花色丰富，变化多端

图 05 琼花

琼花（图 05），通常有 8 个大型的白色不育花，故又名聚八仙。

中文名：琼花（聚八仙）

学名：*Viburnum macrocephalum* 'Keteleeri'

科属：忍冬科 Caprifoliaceae（现为荚蒾科 Viburnaceae）荚蒾属 *Viburnum*

木绣球（图 06），植株比较高大，通常能长 2—4 米高。

中文名：木绣球（绣球荚蒾）

学名：*Viburnum macrocephalum*

科属：忍冬科 Caprifoliaceae（现为荚蒾科 Viburnaceae）荚蒾属 *Viburnum*

图 06 木绣球

三者的共同特征如下：（1）均为木本 / 灌木；（2）叶在枝上对生；（3）花序形态均为聚伞花序，由大型的不孕边花或全部由大型不孕花组成。而荚蒾属植物，虽然一些种类也有像八仙花一样的不孕花，但荚蒾属植物都只有白色（初开时淡绿色）的可孕花或不孕花，而八仙花花色种类很多，可孕花通常为淡蓝色。另外，如果仔细观察，它们花朵的结构也不尽相同。

（作者：莫海波）

木芙蓉

芙蓉照水拒霜开，风露清愁独自芳

霜降降临后，冬天已经不远了！城市绿化带中的植物此时沐浴在一片秋高气爽的暖阳里，随意在湖边漫步，便能偶遇盛开的木芙蓉。

1. 初识木芙蓉

木芙蓉花下招客饮

唐·白居易

晚凉思饮两三杯，召得江头酒客来。

莫怕秋无伴醉物，水莲花尽木莲开。

木芙蓉（*Hibiscus mutabilis*）为锦葵科木槿属落叶灌木，花色清秀淡雅，因与生长在水中的芙蓉（荷花）长相相似，犹如一对姐妹花，故而得名"木芙蓉"或"芙蓉花"。此花常于夏末始开，至霜降之后仍花开不断，故又别名"拒霜花"。有的重瓣品种（图01）花色可在一日之中从粉白到粉红再到变为深红，故此花又得了"三变花"的美称。

图01 重瓣木芙蓉

木芙蓉具备锦葵科植物的典型特征，花两性，辐射对称，叶互生，掌状分裂或不分裂，具掌状叶脉。锦葵科植物的雄蕊连合成管状的雄蕊柱，被称为单体雄蕊（图02）。它们的一朵花内有雄蕊多枚，花药完全分离，而花丝彼此连结成筒状，包围在雌蕊外面，雌蕊的柱头开裂成5瓣。

图02 木芙蓉花部特写

2. 芙蓉照水两相宜

拒 霜

宋·陆游

满庭黄叶舞西风，天地方收肃杀功。

何事独蒙青女力，墙头催放数苞红。

据称，芙蓉有二妙：美在照水，德在拒霜。芙蓉花性喜近水，以种于池旁水畔最为适宜。水影花颜间虚实有致，故有"照水芙蓉"之称。

明朝文震亨撰写的《长物志》里说："芙蓉宜植池岸，临水为佳，若他处植之，绝无丰致。"而许多诗人描写芙蓉花，也多半是呈现其倒映在水色飘渺之中的形象，譬如苏轼有"溪边野芙蓉，花水相媚好"，欧阳修有"湖上叶芙蓉，含思秋脉脉"，王安石有"水边无数木芙蓉，露染胭脂色未浓"……因而"临水照芙蓉"（图03）才是欣赏木芙蓉的正确方式哦。

图03 临水照芙蓉

3. 芙蓉花怎么会变色

辛夷坞

唐 · 王维

木末芙蓉花，山中发红萼。

涧户寂无人，纷纷开且落。

就单朵花而言，木芙蓉的花期是相当短暂的，因为它的每一朵花开放一天就凋谢了，而令人惊艳的是有些品种的木芙蓉，其花色会在一天之内发生变化（图04），其拉丁学名的种加词 *mutabilis* 的意思正是指它的花色是"多变的"。

这种花色多变的特点来自木芙蓉花瓣细胞中含有有色的花青素糖苷（cyanidin），以及白色或无色的黄酮类化合物（flavonoids）。木芙蓉花瓣中所含的色素除了和土壤中的酸碱浓度以及养料、水分、温度等条件有密切关系，还能在多种生物酶的作用下，将无色的二氢黄酮醇转化为有色的花色素。

图04 同一枝头不同花色

4. 中国文化中的芙蓉情结

木芙蓉

唐·韩愈

新开寒露丛，远比水间红。

艳色宁相妒，嘉名偶自同。

采江官渡晚，搴木古祠空。

愿得勤来看，无令便逐风。

在南国金秋十月的季节里，像芙蓉花这样美丽、常见又容易栽种的花木可不多，再加上生来"拒霜"的习性，因而被赋予品性高洁、孤傲倔强、不依附权贵的花文化内涵，深受文人墨客及平民大众的喜爱，也留下了无数传说。

相传五代时后蜀国王孟昶，虽身为一国之君，但为了讨皇妃花蕊夫人欢心，颁发诏令在成都"城头尽种芙蓉，秋间盛开，蔚若锦绣"。他说："群臣曰自古以蜀为锦城，今日观之，真锦城也。"因而现如今，成都有了"蓉城"的美称。

花蕊夫人还用芙蓉花汁染布，绘制纱帐，称之为芙蓉帐。除此之外，中国四大才女之一的薛涛，就用木芙蓉的皮、芙蓉花的汁、浣花溪的水制成深红色诗笺。这种蕴含女性美妙才思的红色诗笺，配上薛涛娟秀飘逸的行书和脱俗清雅的诗句，一时风行甚广，成为文人雅士一时之好，甚至于后来官方的国札也用此"薛涛笺"。

代表宋代文学最高成就的苏东坡则称赞它："千林扫作一番黄，只有芙蓉独自芳。唤作拒霜知未称，细思却是最宜霜。"官场也有不少人倾慕它，比如作为"官二代"的东莱先生——吕本中也以芙蓉花表明心志。"小池南畔木芙蓉，雨后霜前着意红。犹胜无言旧桃李，一生开落任东风。"

（作者：莫海波）

四照花

同心四照花非花

图01 四照花开花植株

每年5月中下旬至6月初，正是一种花叶俱美的乡土树种——四照花的盛花期。这种长相颇为奇特的开花植物（图01），目前在我国城市园林中应用还不多，但却非常值得推广种植。

1. 直白的中文名，奇怪的英文名

相比其他晦涩难懂的植物名称，"四照花"这个名字可以说非常简单直白。只要见过它开的花，你就能一下抓住它重要的形态特征：四

个硕大的白色"花瓣"包围着中
心一颗淡绿色的小球体（图02），
模样十分可爱。

图 02 四照花花序特写

虽然四照花的中文名非常
直截了当，不过它的英文名可就
比较奇怪了。英语世界中称它为
"dogwood"，直译的话就是"狗
木"，听上去让人百思不得其解，
而这实际上是一连串的讹传所导致的。

在欧洲，狩猎的人们喜欢用硬度较高的硬木来做弓箭以及匕首的
把柄，人们就把这种硬木原料植物称作"dagwood"，这里的"dag"
就是指匕首（dagger）。最早的 dagwood 所指的植物有很多，其中大部
分是山茱萸属的木本植物，它们被用作刀把和纺织用的梭子，质地坚
硬且很耐磨。于是，dagwood 就成了山茱萸属木本植物的代称了。

但让人意想不到的是，dagwood 这个词最终在发音和拼写上均被
讹传成更相近的 dogwood。于是，跟狗没关系的山茱萸们被硬生生地
和狗扯在一起。

2. 四照花，好看还能吃

四照花（*Cornus kousa* subsp. *chinensis*）为北温带树种，广泛
分布于我国长江流域以南及河南、陕西、甘肃等地，常生于海拔
600 ～ 2200 米的林内及山谷、溪流旁。性喜光，稍耐荫，喜温暖湿润
气候，在我国大部分省区可露天栽培，并能正常开花结果。喜湿润而
排水良好的沙质土壤，但适应性强，能耐一定程度的干旱和瘠薄。

四照花的植株盛花时相当壮观，一朵朵洁白无瑕的大花伫立枝头，
将满树打扮得高雅圣洁。可是如果你仔细观察它的花，就会发现，原
来简单的表象下面竟然暗藏玄机。

四照花的花可不是真正的一朵简单的大花，外面的 4 个白色"大花瓣"实际上并不是真正的花瓣，而是应该称作"苞片"的结构。其真正的花朵非常小，数十朵簇拥在一起聚合成一个球形花序。细看每朵小花，都是 4 个花瓣，再数数每朵花内雄蕊的数量，也恰好是 4 枚。是不是很神奇呢？

这种花序结构有个明显的优势就是将花朵集中起来，以便传粉昆虫集中传粉。外围的大苞片在颜色和形态上模仿真正的花瓣，起到了招蜂引蝶的作用，从而弥补了形态微小的真花缺乏吸引力的缺陷。

图 03 四照花果实

四照花民间也叫作"山荔枝"。当果实成熟时，长长的果梗托举着球状的肉质果实（图 03），果皮会由青转红，再加上表皮上布满宿存的花萼，红彤彤的果实特别有荔枝的感觉。只是它的果实很容易从果梗上脱落，果皮不硬，也很容易烂，其中包裹着满是小黑种子的绵软果肉。

遗憾的是，虽然长得像荔枝，但它的果子远远没有荔枝那么好吃。果皮粗糙，果肉不多，也不是很甜，而且种子还比较多。如果你有幸在山野之中遇到成熟的果实，图个好奇舔食几口便罢。

3. 四照花的家族

四照花的种类不止这一种，而是包括原产于东亚和北美的两大类群，共约有 8 个种，以及多个变种、亚种和品种。但是这两大类群之间有明显的形态差异。从花和果实来看，东亚四照花类群头状花序上各花的子房完全合生，成熟时聚合果为肉质、球形，且完全愈合在一起；而北美类群头状花序上各花的子房是分离的，成熟时核果相互分离，且质地较硬。从分布范围来看，前者的分布严格限于东亚，以我国最多，后者则限于北美。

因此，传统形态分类上曾将两大类群独立为不同的属，分别命名为四照花属（*Dendrobenthamia*）和北美四照花属（*Cynoxylon*）。但后来根据分子生物学分析，山茱萸科下的属种范围有了较大的变化，如果细分的话，山茱萸科将最多分成 10 个属，这将导致很大的变动。因此，许多学者主张合并，将四照花两大类群均合并入广义的山茱萸属（*Cornus*）。

图 04 香港四照花

目前在国内外园林中主要应用的四照花为四照花、香港四照花（图 04）和大花四照花。四照花花期一般在春末夏初（五六月），而北美四照花的栽培种多先花后叶或花叶同放（四月）。

4. 四照花的观赏价值和生态价值

四照花树形圆整呈伞状，枝条水平伸展，层次分明。叶片光亮，入秋后满树红叶、红果，是一种集观叶、观花、观果于一体的"全能型"观赏树种，具有非常广阔的开发应用潜力。

四照花的 4 枚大型苞片，原种皆为白色，栽培品种颜色有粉红至深红色，另外还有少量花叶品种。花数量多，开花时繁花满树，宛若蜂飞蝶舞。秋季为果熟期，成熟时果为红色，且留存树上达一月有余。

四照花是构成我国长江流域以南温带天然林中重要的森林组成树种之一，不仅具有极好的观赏价值，也是森林野生动物的重要食物来源。其花、叶、果和树皮为各种森林动物（如鸟类、松鼠、猴等）提供了充足的养分。

（作者：莫海波）

荷花

出淤泥而不染

娇艳欲滴的荷花亭亭玉立在碧波荡漾之中，随风摇曳的身姿俨然已成为夏日景色的标配。进入 7 月正是全国各地荷花竞相盛开的季节，当此时节，纳凉赏荷、采莲泛舟真是一件令人赏心悦目的雅致之事。

1. 莲科一属，双生姐妹花

图 01 荷花

通常我们所说的荷花又名莲花，但需注意的是，莲花并不是指花朵漂浮在水面上盛开的睡莲 —— 荷花与睡莲仅是花朵相似但亲缘关系较远的两类植物。分布于我国大江南北的荷花，尽管在植株大小、花形花色上差别很多，但在植物分类学中均为同一个种，即莲（*Nelumbo nucifera*）。它的野生分布范围非常广，从俄罗斯的远东地区，至东亚、南亚、东南亚，再至大洋洲北部均有分布，在学术上也称其为中国莲或亚洲莲（图 01）。

此外，在大洋彼岸的美洲地区（北

美洲东部至中美洲及西印度群
岛）还分布有莲属的另一个野
生种——美洲（黄）莲（*N. lu-
tea*），或称美国黄莲（图02）。
两者的亲缘关系很近，仅有地理
隔离，没有生殖隔离，相互杂交
也很容易，因此分类学上曾一度
将美洲莲作为中国莲的亚种处理。
由于美洲莲在中国的生长适应性

图02 美洲莲

及开花量等方面不及中国莲，目前还不太容易见到血统纯正的原生种，
除个别开展资源收集和育种工作的机构外，公园里能看到的黄色莲花
均为两者杂交改良过的品种。

两者的主要区别在于花色和果实（莲子）的形态。中国莲花色丰
富，具有深浅各异的红、粉、白色，但唯独没有黄色，莲子的长宽比
大于 1.5 倍（接近长椭圆形），并且开花时最外层的几枚花被片（类似
花萼片）通常易脱落。美洲莲的花色仅有黄色一种，最外层的几枚花
被片通常会一直留存在花葶上，莲子的长宽比通常小于 1.25 倍（更接
近球形）。除此之外，还有些许细微差别可以留意：中国莲的叶片颜色
更加翠绿一些，质地稍薄一些，而美洲莲的叶色偏蓝绿一些，质地稍
厚。由于具有独特的黄色花基因，美洲莲是非常好的花莲杂交亲本，
在培育复色系荷花中功不可没。

2. 纷繁的品种

尽管全世界的莲属植物只有两个种，但全世界培育出的莲花品种
（图 03）已超过 2000 个，根据用途可分为藕莲、花莲和子莲三大品种
类群。其中直接以中国莲培育的品种最多，中美杂交莲品种次之，而
直接起源于美洲莲的品种十分稀少。为了更好地对其进行归类和区分，

园艺上常根据种质来源（亚洲莲、美洲莲、亚美杂交莲）、地域来源（以地下藕节是否膨大来判断是温带莲还是热带莲）、花型（根据花瓣数多少以及雌、雄蕊是否瓣化来判断）、花色（单色、复色、洒锦色等）将其分为 20 来个莲品种群。

其中，花型的判断是最关键的一个部分，依据花瓣重瓣化程度的高低，通常将荷花分成单瓣、半重瓣、重瓣、重台和千瓣。一般来说，单瓣的莲品种约有 20 枚左右的花瓣，半重瓣品种具有 20 ～ 50 枚花瓣，重瓣品种有 50 ～ 200 多枚花瓣。重台是重瓣荷花品种的特殊类型，除了雄蕊大部分瓣化外，雌蕊的心皮也瓣化（或泡状），形成了类似"花中花"，如'中山红台'（图 04）；千瓣是重瓣品种的极端类型，不仅雌雄蕊全部瓣化，而且花被片数特别多，通常有数千瓣，如我国的传统品种'千瓣莲'。

图 03 莲花品种　　　　　　　　　　　　　　图 04 '中山红台'品种

3. 自洁效应

荷叶有个非常有趣的自然特性，洒落上面的雨水只会在叶面上滚来滚去但不会粘湿叶面。这种防水效应在生活中已经司空见惯了，但对于荷叶来说实在是非常了不起的发明。这一现象与荷叶表面具有的微观结构密切相关，我们在扫描电镜下可以清楚地看到荷叶表面并不如肉眼看到的那般光滑平整，而是布满一个个由叶表皮细胞组成的瘤状突起。除此之外，荷叶表面还有一层由表面蜡质晶体形成的毛茸纳米结构。荷叶的这种特殊结构使其具有极强的疏水性，洒在叶面上的水会自动聚集成水珠，水珠的滚动会把落在叶面上的尘土污泥黏吸、带出叶面，使

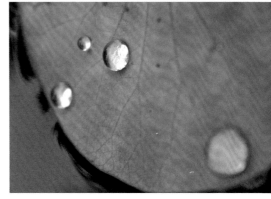

图 05 荷叶上的水滴

叶面始终保持干净。这就是著名的"荷叶自洁效应"或"荷叶效应"（图 05）。

4. 藕断丝连

我们吃的莲藕实际上是莲花深埋于淤泥之中的地下茎，我们看到的地上部分（莲叶和莲花）都是从藕节上生长出来的，地上部分并没有主茎（叶柄和花梗可不算是茎的组成部分）。莲藕的中空多孔结构正是为了长期适应水生环境而演化出来的，可以让外界空气进入内部组织，从而帮助莲在缺氧的水环境中进行正常呼吸。

学过植物学的都知道，植物的茎中分布着众多维管束（包括导管和筛管），用以连接植物的全身各处，主要功能是让叶片光合作用的产物（由筛管负责）和根部吸收的水分和无机盐（由导管负责）得以顺利输送。其中，导管是由死细胞组成的中空管道，根据导管管壁加厚方式的不同，导管通常有环纹导管、螺纹导管和网纹导管等不同样式。我们掰开莲藕后可以见到明显的丝状物，其实就是来自螺纹导管细胞次生加厚的细胞壁。因为这种加厚方式是呈螺旋方式环绕在导管壁上，在莲藕被折断并拉开后，导管随之被折断，但加厚的导管壁并不会轻易断裂，而是像弹簧一样随之被拉伸，进而形成我们肉

眼可见的丝。

5. 荷花文化

如果不是被水仙花抢走了"凌波仙子"的雅号，用其形容水中绽放的荷花也是极好的。荷花天生就有让自己不染凡尘的绝活，这样天生丽质的花儿当然是品性高洁的化身，自古就被称赞为"出淤泥而不染"，在东亚、南亚及东南亚多个国家传统文化及宗教文化中均有十分特殊的地位。

荷花不仅是我国古代十大名花之一，同时还被印度推崇为国花。作为佛教圣洁的象征，莲花在佛教文化中占有举足轻重的地位。从供奉佛教神灵的鲜花到伴随佛像的底座，再到装饰佛教寺庙、壁画和日常器物的花卉纹饰，均有莲花的形象如影随形。

莲花生长旺盛，自然扩繁能力强，地下藕鞭通过一年的生长就能产出祖孙三代的藕节，花开之后又能结出数量可观的莲子，莲藕和莲子均能在短时间内繁殖出下一代，因此莲花的这一自然特性被古人赋予多子多孙的象征。在流行玩谐音梗的中国古代，勤劳质朴的劳动人民常将莲花（尤其是并蒂莲）与鲤鱼、鸳鸯构成一幅幅吉祥图案，装饰于瓷器、刺绣、年画等日常物品中，表达出"百年好合（荷）"连（莲）生贵子""连（莲）年有余（鱼）""并蒂同心"的美好愿景。

（作者：莫海波）

栀子

清浅初夏栀子香

图 01 栀子花

六月芒种前后，是栀子花盛开的季节。那洁白的身姿（图 01）、馥郁的花香任谁见了也会沉醉其中，忍不住细嗅一阵那清甜的花香。闻过花香，仿佛一切烦恼和不快都烟消云散了。

我的家乡——陕西汉中，就是把栀子花作为市花的。记忆中，很多人家里都会种上一两棵栀子花，在栀子花开的季节，很多人也会买一束含苞欲放的栀子花带回家插在水中，静静地享受甘甜花香的滋润。

1. 栀子花开，如此可爱

栀子花（*Gardenia jasminoides*），为茜草科栀子属的一种常绿灌木。该属是一个泛热带分布的属，广布于热带亚洲、非洲和大洋洲。根据 *Flora of China* 记载，本属约有200多种。栀子花是其中最为常见，且栽培最为广泛的一种。除了以清纯的白色花为主的栀子外，还有一些热带种类是明亮的黄色花，比如大黄栀子（*G. sootepensis*）、长管栀子（*G. tubifera*）（图02）等。

图02 长管栀子

图03 白蟾

栀子花因果实形似古代盛酒的一种器皿（卮）而得名，别名也叫林兰、越桃、鲜支等。野生的栀子均是单瓣的，常有6个洁白的花瓣。而常见种植的是栀子花多为重瓣的大花栀子（图03），植物志给出的正式名叫"白蟾"。园林上常应用的还有雀舌栀子，其植株和花均比一般的栀子小很多，更适合家庭盆栽或作地被植物使用。

大多数时候，欣赏栀子花的方式多为剪下来瓶插，用陶瓷瓶或小碗盛上清水，插上花枝，便可以香盈一室。也可以与茉莉花、白兰花组成纯洁无瑕、馨香四溢的新娘花束，或佩戴于发间和衣袖上。在没有香水的年代，这可是姑娘们难得的天然香水。

然而在有的地方（如四川、云南），栀子花竟然也是一种可以入馔的菜肴（当然，在我的家乡是不吃的）。吃法比较简单，只需摘除不能食用的花萼和花梗，去除有苦味的雄蕊，留下洁净完整的花瓣，用蛋液裹匀，适量调料，用油煎至微黄即可。这个方法也适用于其他很多花朵。

2. 这么好看的栀子最初竟然用来染布？

作为人们喜爱的一种庭院观赏花卉，栀子花在我国栽培已有2000多年的历史。据《艺术类聚》载："汉有栀茜园"。这说明至少在汉代时，庭院里已有栀子种植。但是那个时候种植栀子并不是因为花好看，而是因为它橙红的果实（图04）可提取一种黄色的色素——"栀黄素"，它可以给布料、食品染色，具有耐光、耐热、耐酸碱性、无异味等特点，是一种品质优良的天然食品色素。

图04 栀子果实

《史记》里有"千亩卮茜，其人与千户侯等。"卮乃栀子，茜乃茜草，都是当时应用最广的染料。这句话的意思是，这两种植物，谁家种得多，谁就能发家致富。但栀子染黄不耐日晒，所以后来用黄檗、槐花等来替代。

3. 古人眼中的栀子花

随意翻阅中国古典诗词，栀子花的动人身影竟是处处可见。它仲夏花繁，入秋结实，碧叶琼花，芳馨扑鼻，刘禹锡有诗赞曰："蜀国花已尽，越桃今又开。色疑琼树倚，香似玉京来。"（《咏栀子花》）

于是，诗圣杜甫更尽其所能地把栀子的身价抬高到无以复加的地步："栀子比众木，人间诚未多。于身色有用，与道气伤和。红取风霜实，青看雨露柯。无情移得汝，贵在映江波。"（《江头四咏·栀子》）

唐人唐彦谦有诗句："庭前佳树名栀子，试结同心寄谢娘。"（《离鸾》）大凡素雅又清芬的花朵，极容易教人联想到纯粹又圣洁的爱情，更何况这栀子花它还能"结子同心"呢。

唐人韩翃有诗句："葛花满把能消酒，栀子同心好赠人。"（《送王少府归杭州》）一捧香花可以赠给爱人，当然也可以赠给友人。冰清玉洁的花瓣上书写的不仅有海誓山盟的爱情，也有天涯比邻的友谊。

关于"栀子同心"，宋词里还有一句绝唱："与我同心栀子，报君百结丁香。"（赵彦端《清平乐·席上赠人》）栀子和丁香，同为名花佳木，交缠着情结千千，令词人柔肠百转，更令读者唏嘘感叹。

（作者：莫海波、任磊）

— 结香 —

传说中的"连理枝"

在每年的冬春之际，蜡梅、梅花凌寒盛开成为世人争相吟诵的对象，而紧随其后盛开的结香花又有多少人识得呢？今天就让我们一起聊一聊结香这种传说中的"连理枝"。

1. 名字的由来

结香是瑞香科的一种落叶灌木，花如其名，其枝条柔软，弯之可打结而不断，且花多而香，故名结香。在我们身边的公园、小区可能都能碰到，但只因在早春时节开花，其他三季均以绿叶示人（图 01），

图 01 结香植株

图 02 结香花序

因而似乎没有什么存在感。

每年二月底到三月初这段时间，是结香花竞相盛开的季节。此时的它们，已有数十个青灰色绒球状的花苞（图 02）在寒风中立于枝头，一丛丛像尚未点亮的灯火，只等待春风把它们逐一唤醒。

结香和我们熟知的玉兰、梅花有着相似的秉性，花苞等不及嫩叶冒出就抢先一步绽放枝头，数十朵小花密密匝匝挤在一起，花色如同蜡梅，再加上低矮的身形，让它显得几乎没有什么存在感。在它之前有蜡梅抢尽风光，同期开放的梅花则更是备受瞩目。这也难怪在古诗词中几乎没有结香的存在。

2. 令人喜恶参半的花香

值得被世人称道的恐怕只剩下花香了，然而结香的气味亦是喜恶参半，似香非香，味道浓烈，让人不可捉摸。古时人们会拿它的花来做梦枕，也有称其为"梦冬之花"的。名称倒有趣，好梦不觉冬已去，一朝花开盼春来。但不管是否被人喜欢，结香每年都如期而至，花若玲珑。

二月底还不是结香最好的时节，再晚个十来天，青灰色的球形花序便会慢慢膨大，即将绽放。花开时也并非只有一朵花，而是数十朵筒状花形成聚合体。走近些看，则能看到筒状小花的四瓣鹅黄花被微有反卷，一道银边瓣缘着生，密被淡淡茸毛。如此拥簇中，"一朵一朵"呈橙黄花球（图 03），一棵树上则数十上百个花

图 03 结香盛开

球，开时有浓烈气味笼罩，吸引蜜蜂前来。

3. 附会的"连理枝"

但比之花香，结香名气多在"结"字，即大家所谓的枝条纤维柔韧，折之不断。这个特性在被世人知晓后，以讹传讹竟然被强行附

会成"喜结连理枝"中的"连理枝"。于是，情侣或好奇的人都来捉弄它（图04），惨遭蹂躏的结香在公园和小区中比比皆是。好在结香的枝条大多数时候还是强健的，被扭损的枝条最终还是恢复了生机。

图04 被打结的结香枝条

结香枝条年年分枝一次，形如三歧，故也有"三叉树""三桠"的别名（图05）。坊间传说，结香的树皮纤维十分柔韧，是造纸甚至是纸币的绝好原料。只是本人心中不免疑惑：世间这么多纸币若真的全由结香承担的话，它负担得了吗？

在气温即将攀升、百花盛开的春天，结香花终将退居幕后，不与百花争辉。它长出长椭圆形的叶片来，重新归为一棵普普通通的绿植。如此四季循环，便是它的选择。

图05 三叉分枝的结香

（作者：任磊）

阔叶十大功劳

别样"蓝莓"挂枝头

图 01 阔叶十大功劳果实

图 02 阔叶十大功劳叶片

每年的四五月，街头或者小区绿化中常可见到一丛丛低矮灌木的枝头上挂着深蓝色、外被白粉的浆果，远远望去犹如一串串"蓝莓"（图 01）。一时引来路人啧啧称奇：什么时候价格不菲的蓝莓变得如此"烂大街"了？不过，它那带刺的羽状复叶，又否定了大家的猜想。这种植物有个奇特的名字：阔叶十大功劳。

1. 奇怪名字的由来

阔叶十大功劳（*Mahonia bealei*）为小檗科十大功劳属常绿灌木，有时也能长成 3～4 米的小乔木。它的羽状复叶几乎全部集中在枝端，小叶片质地厚实，两侧都有刺状锯齿（图 02），让人和动物不敢轻易靠近。这种"凶巴巴"的植物为什么会有这么古怪的名字呢？

原来它是一种药用植物，因其药用功效颇多，故用"十大功劳"来形容。《中华本草》第 8 卷所记载的"十大功劳根""功劳木""十大功劳叶""功劳子"等 4 味药材均来源于阔叶十大功劳及其相近的物种。听到这里，是不是对它肃然起敬了？

2. 北方常绿阔叶植物的新星

我们一般人要能在某个方面具有不错的能力已属不易，而阔叶十大功劳除了药用外，在长江流域及其以南地区还常被用于庭院和园林绿化（图 03），令人冬季赏花、夏季赏果。更为难得的是，除了在温暖地区普遍用于绿化外，阔叶十大功劳近年来还在人们的不断尝试下，逐渐应用到了更加寒冷的北方。

说起常绿树种，它们似乎格外偏爱温暖的南方，冬季的北方除了松柏类的植物外，很少有常绿阔叶树的身影，因为低温已将大多数植物挡在了这片区域之外。为了解决北京市冬季缺绿和常绿阔叶树种单

图 03　园林绿化中的阔叶十大功劳

一的问题，科研人员于 2000 年初便开始进行常绿阔叶树种的引种栽培研究。经过一冬的试验，结果超出他们的想象：在没有采取任何保护措施，连风障都没有搭设的情况下，阔叶十大功劳挺过了 1974 年以来同期的最低温零下 16.6 摄氏度，而在第二年早春一二月最冷的时候，很多当地的树种出现不良反应开始枯萎落叶的时候，阔叶十大功劳却没有受到任何影响。

3. 冬季开花且暗藏玄机

图 04 阔叶十大功劳

图 05 蜜蜂采蜜

我们通常见到的植物，有的在春季开花，有的在夏季，再不济也会在秋天开花，而冬季开花的植物少之又少。阔叶十大功劳便填补了这个空白。阔叶十大功劳的花期在 11 月至翌年的 3 月，开花时一串串蜡黄色的花序向上开放（图 04），如果仔细观察，会看到它的花是整齐花，萼片和花瓣每 3 片围成一轮，里外共有 4～5 轮。里面的 2 轮（6 片）各有一个雄蕊与之相对而生，花瓣的下部有 2 蜜腺，分泌大量的蜜汁，引来蜜蜂在花间采蜜（图 05）。当蜜蜂钻进花朵开始采蜜的时候，神奇的一幕出现了！只见蜜蜂采蜜时每触动一个雄蕊便会被雄蕊拍打一次，一圈下来身上便沾满了花粉。再飞去另一朵花

图 06 豪猪刺

采蜜时，便会重复上面的过程。植物也借此机会将花粉传给不同花朵，实现异花传粉。

除了阔叶十大功劳外，如今城市绿化中常用的小檗科（Berberidaceae）植物也常常能让人观察到扑打昆虫的行为，都是很好的观察雄蕊运动的植物材料。例如，在春季开花的豪猪刺（图 06）、小檗等，在秋季开花的十大功劳，等等。

介绍了这么多，最后再来回应一下大家最关心的问题：阔叶十大功劳像"蓝莓"一样的果实能吃吗？答案是，"味苦，不堪食"，咱们还是留给鸟儿吃吧！

（作者：寿海洋）

— 南天竹 —

你就像那冬日里的一把"火"

图 01 白雪覆盖的南天竹果实

写这篇文章的时候，眼前不禁浮现出 1987 年费翔在央视春节联欢晚会上深情演唱《冬天里的一把火》的情景。时间过得飞快，三十多年过去了，而费翔也早已淡出了人们的视野。似乎扯得远了……

那么，如果要我来选择一种植物，最能表现出歌词里的意趣，我会毫不犹豫地选择南天竹，尤其是当它头顶白雪的时候（图01）。时间仿佛回到了 2016 年 2 月 1 日上午 9 点零 2 分，当我按下快门拍下这张照片的时候，我的心里被一种柔软的东西触碰了一下：它是那么的冰清玉洁，却又热情似火。

1. 一属一种的"独宝宝"

南天竹（*Nandina domestica*），又名蓝田竹、南天竺、南天烛、红把子，为常绿灌木，高达 2 米，丛生而少分枝。二至三回羽状复叶互生，小叶椭圆状披针形，长 3 ～ 10 厘米，全缘，两面无毛，冬天叶子变红色。花小，白色；浆果球形，鲜红色。

南天竹全世界仅一种，它是东亚的特有植物，是一属一种的"独宝宝"，分布于日本、印度及中国大多数省区。如今，随着园林应用中的推广，北美洲的东南部也多有栽培。在国外，南天竹被称为 Sacred Bamboo，直译过来就是"神圣的竹子"。

2. 名字的由来

南天竹原名南天烛，始载于《本草图经》，附于"南烛"条下。一个"烛"字，似乎形象地道出了它冬日里犹如火焰般的果序。至于为什么名字里带了一个"竹"字，《竹谱详录》里有这样的介绍："蓝田竹，在处有之，人家喜栽花圃中。木身，上生小枝，叶叶相对而颇类竹。春花穗生，色白微红，结子如豌豆，正碧色，至冬色渐变如……""……红豆，颗圆正可爱，腊后始凋。世传以为子碧如玉，取蓝田种玉之义，故名。或云，此本是南天竺国来，自为南天竺，人讹为蓝田竹。"

3. 富有中国情调的植物

如今，随着园艺技术的进步，人们已经培育出了不少的南天竹品种，主要可以分为观叶和观果两大类。其中，观叶类（图 02）主要观赏奇特的叶形和多样的叶色，如红叶、黄叶和枝干屈曲的品种，可作盆栽四季观赏。观果类主要有红、黄两种，还有一种

图 02 观叶类品种

图 03 嘉定古猗园南天竹

玉果南天竹,又叫玉珊瑚,浆果成熟后为白色。

记得以前在浙江的山上,尤其是多石的北坡,经常能见到野生分布的南天竹,它们零星地长在石头上。因此在园林应用中,尤其是古典园林中,南天竹通常被植于山石旁、庭屋前或墙角阴处。在怪石、白墙、黛瓦的衬托下,南天竹似乎被赋予了灵性(图 03),可以带着面前的你穿越回古代中国,墙外的喧闹和城市的匆忙,在这一刻似乎与你不再相关。

(作者:寿海洋)

桂花

盘点几处桂花容易被忽略的细节……

秋风送爽、桂花飘香的季节
（图 01），只要附近有几株大一点
的桂花树，满街满巷便都是浓浓
的、甜腻腻的香味。这股香味有
人喜欢，有人觉得"腻歪"，但又
无处逃离。

图 01 桂花花期植株

小小的桂花竟然有如此的浓
香，人们不免会啧啧称奇。不过，
两周左右的短暂花期一过，人们
便似约定了一般，集体将它忘却，
除了偶尔在某个甜品店里吃到添
加了糖渍桂花的精制甜品时还会
记起它。

1. 栽培桂花的常见类群

长三角一带，桂花（*Osmanthus fragrans*）被人们广泛地种植，虽
然株型不同、花香各异，但大部分还是能比较清楚地归入四个组（按
《中国花经》）。其花香依品种论，通常是金桂最香，丹桂次之，银桂、

四季桂又次之。

金桂组（*O. fragrans* var. *thunbergii*）：秋季开花，花色为深浅不同的黄色，香味浓（图 02）。

银桂组（*O. fragrans* var. *latifolius*）：秋季开花，花色黄白或淡黄，香味浓（图 03）。

丹桂组（*O. fragrans* var. *aurantiacus*）：秋季开花，花色橙黄或橙红，香味较淡（图 04）。

图 02 金桂

图 03 银桂

图 04 丹桂

图 05 四季桂

四季桂组（*O. fragrans* var. *semperflorens*）：一年之内花开数次，花色黄或淡黄，香味淡（图 05）。

2. 不开花时如何快速地鉴定桂花

看到这里，是不是有人会提问：如果不是花期，怎样来确定这个植物是不是桂花呢？毕竟身边常绿植物的种类还是挺多的……下面就来给大家介绍桂花的几个容易被忽略的特征。

其一，枝叶对生（图 06）。

其二，"圭"字叶脉：叶脉形如"圭"而称"桂"（图 07）。

其三，菱形皮孔：树皮粗糙，呈灰白色，常有菱形皮孔（图 08）。

说到皮孔（lenticel），需要先来解释一下概念：在周皮的某些特定部位，其木栓形成层细胞比其他部分更为活跃，向外衍生出一种与木栓层细胞不同，并具有发达细胞间隙的组织（补充组织）。它们突破周皮，在树皮表面形成各种形状的小突起，被称为皮孔。

其四，叠生芽：桂花的腋芽多为 2 ～ 4 个叠生（图 09）。

图 06 枝叶对生

图 07 桂花叶脉特写

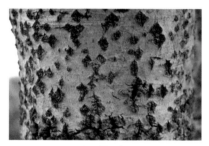

图 08 菱形皮孔

图 09 叠生芽

如果前面三个特征符合，再加上叠生芽，那这棵植物基本上可以肯定是桂花了。套用以前英语作文上用来"赚"字数的一句套话："the last but not the least"，叠生芽这个特征也是四个里最关键的一个了。

可以这么说，掌握了上面的四个特征，一年四季，你都不需要再为分不清面前的这棵植物是不是桂花而发愁了！看到这里，大家可以去实地观察一下，以做验证。

（作者：寿海洋）

秃瓣杜英

这么精致的花儿可能就在你家楼下

　　每年七月是一种比较特别的行道树——杜英开花的季节，每株杜英树上都齐刷刷地开满了海量小花（图01），并散发出淡淡的清香。如果你仔细观察，还能看到许多蝇类昆虫围着小花团团转，忙着在花间采蜜。

图 01　秃瓣杜英花序

1. 如此精致的花

杜英是南方城市园林绿化的主力军之一，种类有很多，华东地区应用的主要是秃瓣杜英（*Elaeocarpus glabripetalus*），因花瓣内外光滑无毛，故又名光瓣杜英。许多人将其误定为"科长"杜英（*E. decipiens*）。另外，园林中薯豆、中华杜英也有少量应用。

秃瓣杜英是一种高大的常绿乔木，高可达 12 米，有着华盖状浓密的树冠，是一种极好的庭荫树。叶片呈倒针形，边缘有小钝齿。作为一种常绿树，秃瓣杜英的叶片会在全年不定时换季落叶，而在落叶前，老叶片会转为鲜艳的红色并在树上持续待上一段时间（图02）。因此，辨认一棵树是不是杜英属的一个诀窍就是：看树上是否有许多发红的老叶，如果有的话，那八九不离十是杜英属植物。

图02 秃瓣杜英的零星红叶

图03 秃瓣杜英花朵特写

秃瓣杜英常于每年 7 月开花，满树洁白小花排列为总状花序，花序着生位置很特别，既非顶生，亦非腋生，而是从光秃秃的枝条上长出来，就像一把把的小刷子。一朵朵淡绿色的小花有点像绿梅花，只是杜英的花结构可比梅花复杂精巧多了。每朵小花有 5 枚乳白色的花瓣，5 枚绿色的花萼，花瓣和花萼交错而生。最特别的是，花瓣上半部撕裂成流苏状的细条（图03），给朴素的小花平添了几分华贵的气息。

秋天，杜英的果实逐渐成熟，椭圆形的外观跟桂花树结的桂子有些相似（图04）。杜英的果实属于核果，打开果实，可以看到内部有一个薄骨质的内核，其表面有不规则的浅沟纹，真正的种子则藏身其中。核果的果肉成熟后，于小动物而言是一种美味。取食后这层内核不会被消化，而是会随着动物粪便排出体外。如此一来，种子便能借助动物的活动而散布到远方。

图04 秃瓣杜英的果实

2. 一波三折的园林应用

在华东地区，秃瓣杜英曾在21世纪初风靡一时，被设计师大量应用于市政园林。原因在于，它不仅四季常绿，冠型饱满，且终年有鲜红的叶片缀于绿叶丛中，远观就像镶嵌在其中的小红花一样。

曾几何时，一些业内风景园林设计师，觉得秃瓣杜英树型优美，冠大阴浓，色叶观赏期长，而将大量秃瓣杜英设计种植于公园、小区、市政广场和道路的绿化工程中，且往往将其作为行道树来使用。因为不了解秃瓣杜英的生长习性，这种错误的应用方式将不少秃瓣杜英树苗推向死亡的深渊。

由于秃瓣杜英树苗并不耐阳光直晒，第一年种植后效果尚可，可是第二年、第三年，其不适应性就显现出来：树皮晒裂，进而脱落，木质部腐烂，树体长势萎靡甚至死亡的也不在少数。继而，秃瓣杜英的娇贵被大家竞相传播，设计师很少敢再使用它了。如此一来，前些年因销售火爆而大量被繁育的种苗一下子就滞销了，价格也一跌千丈，最低谷时连苗的成本都不够，大量苗木被当柴火用。空档期一下子就出现了。

再后来，多数人开始了解秃瓣杜英的习性。在绿地中成片种植，或避开西晒的阳光而种植于建筑物的东侧，效果也是极好的。慢慢地，生活在城市的人们还是能见到这山野中的美木、美叶、美花。现如今，一切又重归于理性，设计图纸中又重新出现了秃瓣杜英的身影。

3. 杜英属家族

杜英属（*Elaeocarpus*）植物，全世界共有360余种，其中中国产39种（14种为特有），本属植物多是常绿乔木或灌木，树冠广阔，四季浓荫，应用于公园、生态林等公共绿地中效果尤佳。

除了秃瓣杜英，华杜英（*E. chinensis*）和山杜英（*E. sylvestris*）也偶尔会掺杂进杜英苗木中来。虽然两者叶形差别明显（华杜英的叶片短小，叶柄基部膨大，先端明显尾尖），但零星的红叶、圆润的树形，还有其对生境的要求大体上还是相近的，只不过其小苗的耐寒性稍逊色一些。

图05 薯豆叶柄特写

真正的杜英其实在园林上较少出现，其硕大的果实，成熟后可以作为美味食用。

笔者曾在考察高黎贡山植物时，还见过更大的杜英属植物的果实，据说是当地猕猴的美味佳肴。另外，同属的薯豆（*E. japonicus*）有着膨大的叶柄（图05），其耐寒性更好，因而也极具推广价值。

（作者：叶喜阳）

枫香树

枫叶可不都是红枫哦！

每年秋风吹起的时候，便是枫香树一年之中最美的时候。它们会用各种颜色把自己装扮得漂漂亮亮的，红的、黄的、橙的、绿的，各种颜色浑然天成般地组合在一起。那是自然画师的伟大杰作。而这个爱美的"姑娘"，为秋色增添了不少艳丽的色彩。

1. 枫和槭原来不一样

说到"枫"字，人们头脑中闪现的，估计大多是叶片呈手掌状、到了秋天会变成火红一片的"红枫"。而加拿大国旗上那典型的"枫叶"，更是加强了人们的这种认识。其实我们头脑中的"红枫"，以及加拿大国旗之上的"枫叶"（图01），准确来说应是"槭"。而"枫"字在早期所指代的植物，则是本文所要介绍的乡土植物——枫香树。

图01 加拿大国旗

槭树大家族的很多成员也有秋叶如火的特征，这使得这个"枫"字的概念泛化为一切"叶片分裂、秋季变红"的树木的统称。所谓"停车坐爱枫林晚"，"枫林"中估计枫香树和槭树皆而有之。而我国所在的东亚地区正是槭树家族的分布中心之一，因

图 02 枫香树植株

图 03 枫香树叶片

此槭树家族逐渐抢去了枫香树本来的名头，成为人们心目中"枫"的形象。

2. 大名鼎鼎的枫香树

枫香树，为金缕梅科枫香树属植物，在江南地区是一种随处可见的落叶乔木，它有着高大的身躯和繁盛的枝叶（图02），在上海的公园、小区和街道边，你都能看到它的身姿。它在夏季能为人们挡去炎酷的烈日，而到了秋冬季节又会脱去"衣裳"让阳光透过，使人们能够享受那股暖意。

它的叶子掌状三裂（图03）——这是识别枫香树最好的方法。中央的那片裂片最长，叶子尖端缓缓变尖，两侧的裂片较短，向外平展。叶柄的长度可达11厘米，也算是比较瘦长的叶柄了。叶子有特殊气味，这可能是枫香树得名的由来。当然了，对有些人来讲，这种气味却不是香味。枫香树的树脂中主要含挥发油及齐墩果烷型三萜类成分。枫香脂的采收在七八月间，这段时间人们会割裂树干，使树脂流出，十月至次年四月便可进行采收。

枫香树的叶子在秋天会变红（图04）。所谓"霜叶红于二月花"，天气变冷以后，植物叶片中除了含有叶绿素、叶黄素、胡萝卜素等色素外，还有一种叫花青素的特殊色素——它是一种"变色龙"，在酸性液中呈红色。

随着季节更替，气温、日照相应增减，叶片中的主要色素成分也会发生变化。到了秋天，气温降低，光照减少，对花青素的形成有利，枫树等红叶树种的叶片细胞液此时呈酸性，整个叶片于是呈现出红色。所以我们说，是秋天的气象条件染红了它。

图 04 枫香树秋色叶

3. 未见花开，便已结果

枫香的花通常于早春盛开，只不过它的花没有艳丽的花瓣，不为大家注意罢了。花与叶几乎同时从枝头冒出，雌雄同株。雄花序短穗状，一般早生于叶，在枝梢次第着生，排成总状花型，有时满树紫红色花穗拥簇枝头，远远看去，好似画笔，将天空点染了几痕朱红。雌花则是头状花序（图05），形如刺球，大约有花二十到四十有余。上面的"刺"实为花柱，先端卷曲。

图 05 枫香树花序

图 06 枫香树果序

枫香的果可以入药，民间俗称"路路通"，远看就像一个带刺的毛球（图06），与悬铃木的果实倒是有几分相似。由许多小蒴果组成的头状花序，细看下会发现其中成熟的小蒴果是开裂的。

枫香脂与桃胶或臭椿脂类似，5—8月份之间，割裂树干使其树脂流出，到入冬后可收获，中药称作白胶香。枫香脂除了可做药，还有一种很有情趣的用法：加适量牛油于枫香脂中，用文火煎熬后过滤制成为枫香混合油。用毛笔蘸上溶解的枫香混合油在自织的白布上描绘图案，即为枫香染。染成之后，"洗搓不去，呈梅花状，蓝底白花"。

（作者：王挺）

无患子

秋色堪比银杏

寒露已过，深秋正是植物上演变装的最佳时节。变色后的树叶飞舞，沉甸甸的果实聚集枝头，都宣告着收获的美好。此时的你如果漫步在上海的街头或公园，肯定能注意到一树一树金灿灿的无患子伫立在秋风中。那成串饱满的黄色果子像极了果肉饱满的龙眼，让许多路过的吃瓜群众打起它的主意。这果子看似好吃，然而，它真的能吃吗？

1. 优美的行道树

无患子与我们熟悉的荔枝、龙眼同为一个家族，名为"无患子科"。无患子就是这个科的"科长"。这是原产我国南方的一种高大乔木，枝冠开展、叶形优美、秋叶金黄、果实如玉，因而作为城市园林绿化的优良观叶和观果树种应用。

无患子生长迅速，冠型巨大（图01），枝叶较为浓密。孤植于

图01 无患子植株

大草坪中时，如一顶巨伞般矗立，常能形成视觉焦点。无患子主干较为明显，树冠大，具有很好的遮荫效果，且其冬季落叶不影响采光。抗性强等诸多优点，让它成为多数园林设计师的宠儿。

原产于我国长江流域的无患子，目前在淮河流域以南各省都有栽培。它性喜光，稍耐阴，适温暖、湿润气候，夏季能抗40℃高温，冬季能耐 −15℃严寒；对土壤要求不严，在酸性、中性、微碱性及钙质土甚至建筑物残渣地中也能顽强生长；深根性，抗风力较强；萌芽力较差，不耐修剪。生长较快，寿命长。对二氧化碳抗性较强，适合做街道和厂矿绿化树种。

无患子的秋色是非常引人注目的，其纯粹鲜亮的金黄色（图02），总能在寒冷的冬季给人温暖的感觉。在华东地区，几乎到处都有无患子的身影。不管是在景区、公园、道路、小区，你都能发现它的存在。

图02 无患子秋色叶照片

当无患子显现它金黄的土豪色后，秋的气氛就更加浓郁了，华东的秋天也因它而变得更美丽！

2. 形似龙眼却不能吃

无患子的花期在春季，果实于秋季成熟（图03）。虽然果实的外形看起来与龙眼有几分神似，但很可惜它的果子并不能像龙眼一样食用。无患子最广为人知的一个作用就是果实能做洗涤用，老年人就直接把它的果实叫做肥皂果。偶尔也能看到有些年轻人捡这些果实拿回去做肥皂。若你也想尝试一番，可以捡回去试试看哦！

图 03 成熟的无患子果实

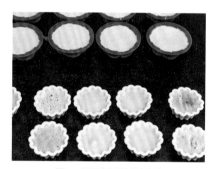
图 04 用无患子制成的皂乳

无患子虽然没有可以食用的果肉，但是果皮含有大量无患子皂苷。这是一种优良的植物表面活性剂，可以制成纯天然无患子皂乳（图04）。非常难得的是，这种天然皂乳不会带来荧光剂、表面活性剂等化工洗涤剂的污染，也不会造成水的富营养化等问题。在物质匮乏的古代，无患子跟木槿叶一样，是妇女们洗头发常用到的天然资源。

3. 古人眼中的辟邪神物

无患子在我国栽培历史悠久，在民间得到了广泛的应用。早在《山海经》中即有记载，而作为中药材则始载于唐代《本草拾遗》。别名木患子、油患子、苦患树、黄目树、目浪树、油罗树、洗杉树、洗手果、洗衫子、洗衫丸等。

古人认为，无患子木材制成的木棒、木剑有驱魔杀鬼的功能，这可能就是无患子名字的来源。无患子果实里黑黑的种子（图05）可制成手链，并且也是现在市面上常见的"菩提子"手串之一。

图05 无患子果实和种子

此外，无患子种仁含油率高达40%，是极好的工业用油，可以开发成生物柴油植物。无患子还可以作为蜜源植物，其根与果还可入药。其抗污染能力强，还可用于厂区和污染区的绿化。

（作者：蒋天沐）

珍稀植物

ZHENXIZHIWU

普陀鹅耳枥

全球只剩一株的"独宝宝"

50 年前，普陀鹅耳枥在全球仅存一株野生植株，因此被称为"地球独子"。世界自然保护联盟还将其濒危等级列为"极度濒危"。1999年，普陀鹅耳枥被列为国家一级重点保护野生植物。经过不断研究和精心栽培，如今它不再孤独，已有万株之多。

1. 国家一级保护植物

图 01 原始文献中的手绘图

普陀鹅耳枥的野生植株仅分布于浙江省舟山市普陀山岛。舟山群岛位于长江以南、杭州湾外缘的东海海域。1930年，植物学家钟观光教授在此采集到普陀鹅耳枥标本（图 01）。1932年，该植物由林学家郑万钧教授定名并发表。

20 世纪 50 年代初，普陀山岛上，还有数处发现有该树种分布，但在 50 年代末，由于大规模的毁林开垦，导致该树种种群规模骤减，现仅在佛顶山慧济寺西侧幸存一株母树（图 02）。树高为 12.8m，主干胸径 63.7cm，冠幅 12.9m×11.5m，

图 02 野外植株

树龄约 200 年。

　　要不是因为寺庙的庇护，这仅存的一棵恐怕也要被砍伐掉了。经 IUCN 评估，普陀鹅耳枥的濒危等级为"Critically Endangered"（极度濒危），离野外灭绝仅一步之遥。1999 年 8 月 4 日，国务院批准了《国家重点保护野生植物名录（第一批）》，并于当年 9 月 9 日发布，名录中将普陀鹅耳枥列为一级重点保护植物。

2. 什么导致了它如此濒危？

导致普陀鹅耳枥如此濒危的原因有很多。首先是人为原因，由于普陀岛原有森林植被遭到乱砍滥伐，毁林开垦，生态环境受到破坏，导致原有植株日益减少。

其次，还与它自身授粉结实困难有关。研究表明，普陀鹅耳枥果实（坚果）果皮坚硬，种子萌发性差，苗圃出苗率仅 2.5%，因此其居群遭到砍伐后，难以天然更新。

另外，普陀鹅耳枥的雌、雄花（图 03）相遇仅有 9 天时间，授粉期十分短暂，花粉萌发率低，且自花授粉通常败育；加之普陀岛大风频繁，果实未成熟前就被吹落，因此普陀鹅耳枥天然更新可谓难上加难。

图 03 开花植株

3. 人工保育现状

虽然说自然生长的目前全球仅剩一棵，不过不用担心，目前林学家们已经通过就地保存和迁地保护、人工辅助授粉、人工播种和扦插，繁育出大量普陀鹅耳枥树苗（图 04），使其暂时脱离灭绝危险。但由于普陀鹅耳枥种群数量稀少，遗传多样性水平低，后代难以天然更新，仍需要重点保护和关注。

目前全国已有 13 家单位进行了普陀鹅耳枥的迁地保存，其地理分

图 04 辰山植物园栽培的普陀鹅耳枥

布向西横跨了 10 个经度，向北纵跨了 11 个纬度。从目前各地的物候观察和栽培实验来看，普陀鹅耳枥可室外栽植的北界在山西霍州一带，在郑州即可正常开花结实，但未见浙江以南引种栽培的文献报道。

目前针对普陀鹅耳枥的首要恢复目标是，在充分保证野生母株种源和品质的前提下，利用各种栽培手段，尽可能扩大 F1 代（即两个不同亲本杂交后产生的第一代后代）数量，在 F1 代中注意挑选不同的变异个体，在适宜地区构建种苗资源圃。同时通过建设种子库、离体材料库等来完善普陀鹅耳枥繁殖材料的备份库。最终的目标是，既保证种源数量的稳定性和遗传变异的多样性，同时一方面尽可能在适生区域扩大栽植数量，另一方面又将其补充到种苗资源圃中，实现良性循环。

（作者：葛斌杰）

长柄双花木

又一个跟紫荆撞脸的植物，想看到它开花可不容易

图01 双花木手绘图

长柄双花木（*Disanthus cercidifolius* subsp. *longipes*）为金缕梅科双花木属的植物，被列入《国家重点保护野生植物名录》（2021 年），保护等级 Ⅱ 级。它的花叶俱美，近年来更被传为网红植物。本文将重点讲述发生在长柄双花木背后的故事。

1. 长柄双花木的发现和命名

在 2017 年之前，双花木属只有一个原种和一个亚种。原种的双花木（*D. cercidifolius*）（图 01）仅产于日本南部山地，于 1866 年正式发表，原发表名为 *Disanthus cercidifolia*，因为种加词的属性（以 -a 结尾，为阴性）与属名的属性（以 -us 结尾，为

阳性）不相同，不符合命名规则，于是后来修正成了 *Disanthus cercid-ifolius*。

长柄双花木最早由中山大学张宏达先生（1914—2016）发表于《中山专刊》（*SUNYATSENIA*）—— 该刊是由我国近代植物分类学的开拓者和奠基者之一的陈焕镛先生（1890—1971）创办的以"孙逸仙"为刊名的英文学术刊物。凭证标本为植物采集家陈少卿先生（1911—1997）于 1942 年 10 月 25 日在湖南省宜章县莽山水口庙所采集的植物标本。

可能大家看到这个采集时间，没有觉得有什么特别之处，但如果回到历史中，就会发现这份标本来之不易。1938 年 10 月，在广州战役中，广州沦陷，被日本控制。当时陈少卿先生被留在广州法政路原植物研究所看守植物标本和图书仪器等。1941 年 3 月，由于伪广东省政府驱赶，陈先生被迫搬迁到香港的植物研究所。1941 年年底，香港也沦陷了。于是陈先生辗转至云南，最后前往湘粤交界的宜章县栗源堡，并先后对湖南的衡山和莽山、广东乐昌、贵州梵净山、广西十万大山等地区的植物进行了广泛深入的调查，共采集植物标本 5500 多号。这份长柄双花木的标本正是这 5500 多号标本中的一个。

张宏达先生在发表长柄双花木时，把它作为双花木的一个变种处理，将其命名为 *Disanthus cercidifolius* var. *longipes*。《中国植物志》采用了这个处理。而到了 1991 年，中国科学院北京植物所潘开玉研究员在做双花木属的系统研究时，将它升级为亚种，于是长柄双花木的接受名成了 *Disanthus cercidifolius* subsp. *longipes*。*Flora of China* 采用了这个处理办法。

2. 与紫荆相似的叶子

长柄双花木的属名 *Disanthus* 由 dis-（二）+anthus（花）组成，表示头状花序由两朵花组成（图 02）。种加词 *cercidifolius* 由 Cercis

图 02 花朵特写

图 03 枝条或叶片

（紫荆属）+folium（叶子）组成，表示叶子心型，与紫荆属植物的叶子相似（图 03）。亚种加词 *longipes* 由 long（长）+ipe（脚）组成，表示果序柄较长。所以长柄双花木的"长柄"指的是果序柄。为什么不是花序柄呢？因为双花木属具有"花后花序柄伸长"的特点，双花木花后果序柄伸长到 1 厘米左右，而长柄双花木则在 2.5 厘米左右。当然，花期中的长柄双花木的花序柄（9～22.5 毫米）就比双花木（5～7 毫米）要长一些。

3. 双花木属新成员

2017 年，越南植物学家发表了一个双花木属的新种，命名为 *Disanthus ovatifolius*，种加词 *ovatifolius* 表示叶片卵形，可译名为卵叶双花木。该种除了叶片卵形与双花木和长柄双花木的心型叶有区别外，在单花序上花数量也有所差别。卵叶双花木花序上的不是典型的双花，通常会有 1 到 3 朵花不等。这个种早在 2006 年就被英国植物学家发现了，当时是在一位名为 Uoc 的越南向导带领下发现的。他们知道这是一个新的物种，由于这个种与双花木差异有点大，他们为它建立了一个新属，并将它命名为 *Uoc-odendron whartonii*。属名来源正是那位向导的名字 Uoc，属名后半截中的 dendron 来源于古希腊词汇 dendrite，意为生活在树上的隐士，由此来表示对 Uoc 的敬意。可惜，这个名字还没来得及正式发表就被合并了。

4. 优良的秋色树种

双花木是一种优良的秋色叶树种（图 04），在国外已经得到广泛应用，甚至还培育出花叶的品种 *D. cercidifolius* 'Ena Nishiki'。而长柄双花木在国内的应用甚少，只有杭州植物园、庐山植物园、中南林业科技大学等少数几个地方引种栽培。希望专家们在保育的同时多做应用推广。期待在不久的将来，能在我们的身边看到这个美丽的物种。

图 04 秋色叶照片

（作者：龚理）

鹅掌楸

原产中国的"郁金香树"

鹅掌楸不仅叶形美观，而且树干高大挺拔、冠大荫浓，具有较强的耐寒性和抗逆性，是我国温带和亚热带地区城市园林中最常种植的一种乡土树种，同时也是我们身边最容易辨识的一种树木。

1. 独一无二的"马褂"叶形

鹅掌楸的叶形可以说是植物界中独一无二的，它的叶片边缘是开裂的，有4只角，而且呈左右规则式的对称，顶部的两只角犹如衣服的下摆，而靠近叶柄基部的两只角则酷似衣袖，非常特别，由于形状酷似旧时人们常穿的马褂（图01），所以又被称作马褂木。入秋后，鹅掌楸的叶子会由绿色转变成醒目的金黄色，这时候飘落而下的叶子就更像宫廷御赐的"黄马褂"了。

每年的5月上旬，便是鹅掌楸开花的季节。它开出的花也非常有趣，6枚绿色的"花瓣"围合起来，而黄色的雌、雄蕊则位

图01 鹅掌楸叶片

图 02 鹅掌楸花

图 03 郁金香

于中心。整朵花的造型特别像一只开口朝上的杯子（图 02），与我们熟知的郁金香有几分相似（图 03），因此在国外，它便有了"Tulip Tree"的英文名，也就是"郁金香树"的意思。巧合的是，生物分类命名法则的祖师爷——林奈先生给它取的属名 *Liriodendron* 意为"百合树"，这与"郁金香树"的叫法不谋而合，因为郁金香正是百合科家族的成员之一。不过，鹅掌楸花的结构和亲缘关系都与百合科相去甚远，鹅掌楸其实是来自木兰科鹅掌楸属的成员。

2. 鹅掌楸的花结构

作为现生被子植物的基部类群，木兰科植物的花结构通常是相对比较原始的，这里以鹅掌楸为例进行分析。

首先，它的 9 枚花被片是没有明显的花萼与花瓣之分的，在大小、颜色、形状上面都差不多，因此在植物学上称作"花被片"而不是"花瓣"。这 9 枚花被片分 3 轮排列，最外面一轮的 3 枚花被片在花朵盛开时明显向下反折，功能上类似于真的"花萼"，而内两轮的 6 枚花被片则保持直立向上，围合成杯子的形状，功能上类似于真的"花瓣"。

其次，它的雌、雄蕊在数目上不定，数量均比较多，呈螺旋状排

图 04 花托

列在花托上，雄蕊的花丝较短，花药部分是长的条带形，雌蕊的心皮在花期时一个个聚合在伸长的花托上，而在果期时则是相互分离的。

最后，鹅掌楸的花托是伸长的棒状结构（图04），使雌蕊群显著超出于花冠之上。在植物学上，这种雌蕊子房位于花冠之上的花称为"子房上位"或"上位花"。一般情况下，通常相对较为进化的类群（如菊科、兰科等）的花在雌、雄蕊的数目上是趋于减少和数量固定的，花的各部分在结构上是趋于从散生向聚合演变，而花托是趋于从伸长向下陷演变的，从而让雌蕊的子房部分位于花冠的下方，进而使年幼的种子得到更好的保护。

3. 木兰科家族中的"另类"

鹅掌楸的树型高大，成年大树常能长到40米左右，它的花主要着生于枝条的顶端，花色以绿色为主，只在花被片基部有少量的黄色斑块，并且花开在绿叶间，看上去并不是很显眼。不过，在花的"杯底"以及雌蕊上，通常会泛着油亮的光，那是花被片和花柱分泌的香甜花蜜，可以帮助花朵吸引到一些喜欢花蜜的蜂类或蝇类来访花。这一点与其他木兰科的家族成员不太一样，因为像玉兰这类植物的花几乎是没有花蜜的，主要是靠花朵的香气和大量的花粉来吸引传粉昆虫。

除此之外，鹅掌楸的果实也是木兰科中的"异类"。因为一般木兰科的成员都是聚合蓇葖果，果实成熟时会裂开一条缝，将具有红色假种皮的种子露出来，吸引鸟儿来取食并帮助种子散布。但是鹅掌楸的果实是具翅的坚果（图05），每粒种子外面的果皮都变成一枚长翅，成熟后彼此分离。这是适应风媒传播的结构。这种古老的传播方法，

图 05 翅果

和许多高大的裸子植物（如松树）一样，都是借助身高的优势，利用
风力散布种子。

4. 东亚－北美间断分布的鹅掌楸"兄弟"

全世界鹅掌楸属仅有两个种，分别是鹅掌楸（*Liriodendron chinense*）和北美鹅掌楸（*Liriodendron tulipifera*）。由于它们两者之间形态比较相似，只有地理隔离没有生殖隔离，经过人工杂交培育还诞生出了杂交鹅掌楸（*L. tulipifera × chinense*），该杂交品种如今已在许多城市园林中常用作行道树栽培。因为后代具有明显的杂种优势，杂交鹅掌楸的常见程度已经超越了双亲，目前在我国公园、小区和街道上种植的大多是杂交鹅掌楸。如何区分鹅掌楸、北美鹅掌楸与杂交鹅掌楸呢？首先，三者的花有比较明显的不同：鹅掌楸的花被片以绿色

图 06 杂种鹅掌楸

为主；北美鹅掌楸的花被片基部有明显的橙黄色斑块，顶端为淡绿色；而杂交鹅掌楸的花几乎均为橙黄色，花也更大一点——由于花色更为艳丽，花在树上看起来也更为显眼。另外，它们的叶形也有一些区别：鹅掌楸的叶片只有 4 个角；北美鹅掌楸的叶片在基部的两个裂片还各自多了一个小裂片，因而一共有 6 个角；而杂交鹅掌楸的叶片裂片数 4 个和 6 个都有（图 06），不是很稳定。

鹅掌楸和北美鹅掌楸分别原产于东亚和北美，在植物地理学上是典型的"东亚—北美间断分布"类群。从出土的化石资料证实，鹅掌楸属植物形成于上白垩纪，第三纪晚期达鼎盛，广布于北半球，已记录的化石种多达 22 种，然而第四纪冰川的到来，导致了同属绝大多数近缘种的灭绝，最终只残遗了如今的这两个种。因此，鹅掌楸是一种具有古老历史的"孑遗植物"或者叫"活化石植物"，与银杏、水杉、珙桐一样，都是我国十分珍稀和具有特色的野生植物。原产中国的鹅掌楸分布范围主要是在我国长江流域以南及秦岭地区海拔 700 米到 1700 米的山地阔叶林中，此外在越南北部也有少量分布。虽然看上去分布范围挺广，但由于原生环境的山地林大多受到不同程度的破坏，野生居群只是零星地碎片化分布，因此目前鹅掌楸在我国被列为国家二级重点保护植物，受到法律的保护。

（作者：莫海波）

银缕梅

绽放在稍纵即逝的春光里

伴随着春日里料峭的寒风和明媚的阳光，上海辰山植物园里几株看似枯木的小树却开出了一簇簇不起眼的小花。这看似平凡的小树名为银缕梅，跟大名鼎鼎的金缕梅是亲戚，虽然其花相貌平平，但其身世和价值却不容小觑。

1. 极为特殊的乡土树种

银缕梅（*Shaniodendron subaequale*），又名小叶金缕梅，为金缕梅科落叶小乔木，是中国特有的珍稀树种，最早发现于江苏宜兴。银缕梅的花先于叶开放，数朵小花聚集为头状花序，结构比较简单，没有花瓣，仅有数枚灰褐色的小苞片包被。雄蕊花丝较长，盛开时明显伸出在外，露出顶端鲜红色的花药（图01），雌花柱头2裂，较短，隐没于雄蕊群基部，数朵小花聚集在一起呈头状花序。

银缕梅的叶片呈倒卵形，侧脉4～5对，第一对侧脉从基部分出且无二次分支。秋季的银缕

图01 银缕梅花序

梅叶片呈现出绚烂的橙色或橙红色，是极好的秋色叶树种（图 02）。银缕梅树姿古朴，干形苍劲，树皮呈不规则的斑块状剥落（图 03），类似蔷薇科的木瓜（*Chaenomeles sinensis*）（图 04）终年可赏——春季可赏花秋季可赏叶——因而是优良的园林景观树和盆景树种。

2. 曲折坎坷的身世

银缕梅的发现和命名有着曲折过程，早在 1935 年 9 月，南京中山植物园的植物学家沈隽，在江苏宜兴芙蓉寺石灰岩山地采集到这种植物的果期标本。后因战乱，标本被尘封在实验室里。1954 年，原南京中山植物研究所单人骅教授清理标本时，认为这个树种是金缕梅科种群中的一员，与日本的金缕梅相似，但缺少花期标本又不能确认。1960 年，植物分类学家张宏达先生根据标本，将树种定名为金缕梅科金缕梅属小叶金缕梅（*Hamamelis subaequalis*）。这使得这一重大的科学发现陷入误区。

时间来到 1987 年，国家组织编纂珍稀濒危植物红皮书，南京中山植物园的邓懋彬先生是编委之一。他一直记得昔日单老的嘱咐，当年 6 月在江苏宜兴的石灰岩山地找到了 7 株"只结果不开花的"的"小叶金缕梅"。但是，这次还是没看到花，无法进行准确的分析和鉴定。直到 1991 年 3 月，苦守 5 年的邓老终于在宜兴见到了开花的植株——每朵小花上都没有花瓣，与有花瓣的金缕梅存在很大的差异。

1992 年，邓懋彬等人发表《银缕梅属——中国金缕梅科一新属》的论文，并将银缕梅的学名定为：*Shaniodendron subaequale*。这是根据单人骅先生的中文发音拟合的，包含了邓老对单老的浓浓情意。所以银缕梅还有一个名字，叫单氏木。

图 02 银缕梅秋色叶

图 03 银缕梅树干

图 04 木瓜树干

3. 一个新种的价值

银缕梅的发现，使得中国成为世界上唯一具备金缕梅科所有各亚科和各族的地区。而且银缕梅和裸子植物银杏、水杉一样，是被子植物中最古老的物种，为远古子遗植物，有着极高的科学研究价值，对地球环境和物种演变有着重要的科学研究意义。

作为第三纪的古老子遗植物，银缕梅不仅具有材质优良、树型树冠树叶等外观优美、可制作优质盆景等众多优点，而且在研究东亚和北美植物区系和金缕梅科系统发育中有非常重要的科学价值。但是由于其现存种群的分布区极为狭窄，种群个体数量极为稀少，因而处于濒临灭绝的状态。1999 年被列为国家 I 级重点保护的野生植物，并被国际自然保护联盟（IUCN）列为极度濒危物种。

（作者：莫海波）

秤锤树

长在树上的小秤砣

在博大精深的中文世界里，许多植物的名字真的能一秒毁掉小清新，比如什么膀胱果、猪屎豆、肥肉草、秃疮花……秤锤树无疑也属于这个系列。以充满乡土气息的"秤锤"冠名，给人一种十分"下里巴人"的感觉，但其实人家可是正宗的"阳春白雪"呢。

1. 秤锤树到底哪里像秤锤？

秤锤树为安息香科秤锤树属落叶小乔木或灌木，高不过 7 米，叶片椭圆形，边缘有细锯齿。因果实形似秤锤而得名（图 01）。提起秤

图 01 秤锤树

图 02 秤砣

锤这种古老的物件，可能当下很多年轻人都没见过吧？它其实就是挂在旧时的称量工具——秤杆子上的标准重量单位，用以衡量被称物体的重量。虽然现在已经没人使用秤杆子了，但在二三十年以前，秤砣（图 02）可是人们日常交易活动中不可缺少的器具。

秤锤树因果形奇特而出名，但其实更好看的是它开出的花。每年 4 月中上旬便是秤锤树的盛花期。洁白的花朵由 5 ～ 7 枚花瓣组成，衬托着中央 10 余枚浅黄色的雄蕊；雌蕊花柱一根，被雄蕊群围在中间，并伸出雄蕊群外。花朵均呈下垂的姿态，花瓣开展，3 ～ 5 朵小花组成一个简单的聚伞花序，形似组装在一起的小吊灯悬垂于枝叶间，模样清新脱俗，娇美可爱。一树繁花款款悬垂，胜却春风十里（图 03）。

图 03 秤锤树盛花照片

但是说起秤锤树的价值，好像除了花朵好看、果实形状奇特外还真没有什么特别的"功能"了。虽然对安息香科的系统发育研究等具有很重要的科学价值，但是在老百姓眼中，它跟其他的寻常树种一样普通。如此"没用"的植物只能砍了当柴烧，用于烧水做饭取暖。长得再像秤锤又有什么用？

2. 秤锤树的发现史

1927年，我国著名蕨类植物分类学家秦仁昌先生在南京郊区幕府山最早采集到秤锤树标本。一年之后，著名植物学家胡先骕（sù）先生根据这份标本建立了新属——秤锤树属（*Sinojackia* Hu），并将其命名为秤锤树（*Sinojackia xylocarpa* Hu）正式发表为新种。秤锤树属也因此成为中国植物学家发表的第一个新属，在我国植物学研究领域具有标志性的意义。

秤锤树为中国特有种，仅分布于江苏南京附近。拉丁语学名中的前缀"sino-"即为"中国"之意。而"jackia"则是为了纪念美国阿诺德树木园的著名分类学家约翰·乔治·捷克（John George Jack，1861—1949）（图04），因而秤锤树的英文名便顺理成章地用 jack tree 来表示。成书较早的《中国植物图谱》中还根据这个英文名翻译成"捷克木"，给人一种很奇怪的感觉。

图04 约翰·乔治·捷克

发现之初，秤锤树在南京的幕府山和燕子矶地区大量分布，附近的江浦老山和句容宝华山也有，还算是比较常见的乡土树种。但是由于自然环境的恶化，加上采石开矿等人为破坏，目前在南京和江苏其他地区已经很难找到秤锤树的野生种群分布了。1998 年，秤锤树被列入 IUCN 濒危物种红色名录，并且也是我国特有的国家二级保护濒危物种。

3. 秤锤树的家族

在秤锤树属建立后的几十年里，秤锤树属的新种又不断被中外植物学家发现。先后有 8 个种 1 个变种被发表，如表 01 所示。

表 01 我国的秤锤树属物种

中文名	植物学名	发表年份	原产地
秤锤树	*Sinojackia xylocarpa* Hu	1928	江苏
狭果秤锤树	*Sinojackia rehderiana* Hu	1930	广东北部，湖南南部，江西
棱果秤锤树	*Sinojackia henryi* (Dummer) Merrill	1937	广东北部，湖北南部，湖南，四川
* 长果秤锤树 / 长果安息香	*Sinojackia dolichocarpa* C. J. Qi	1981	湖南（石门）
肉果秤锤树	*Sinojackia sarcocarpa* L. Q. Luo	1992	四川（乐山）
细果秤锤树	*Sinojackia microcarpa* C. T. Chen & G. Y. Li	1997	浙江（建德）
矩果秤锤树 / 怀化秤锤树	*Sinojackia oblongicarpa* C. T. Chen & T. R. Cao	1998	湖南（怀化）
乐山秤锤树	*Sinojackia xylocarpa* var. *leshanensis* L. Q. Luo	2005	四川（乐山）
黄梅秤锤树	*Sinojackia huangmeiensis* J.W. Ge & X.H. Yao	2007	湖北（黄梅）

注：根据最新分类研究，长果秤锤树分类地位有所变动，现已独立成为长果安息香属，拉丁学名更新为 *Changiostyrax dolichocarpus* (C.J.Qi) Tao Chen。

但是有一个严峻的事实摆在分类学家眼前，那就是，在已发表的这些秤锤树种类中，它们的野外分布范围都十分狭窄，而且种群数量都非常少，均属于珍稀濒危植物。

4. 为何秤锤树家族都走向"濒危"了？

通常来说，物种濒危的原因主要包括两个方面：外在因素和内在因素。对于秤锤树属的植物而言，生境丧失和人为砍伐是导致其濒危的两个重要外在因素。秤锤树属植物普遍经济价值不高，也就没有得到足够的关注，按理说是好事，因为真正有用的、经济价值高的物种反而被人类破坏得更快。但是植物不能移动，没有价值的东西也要依赖其生存环境。秤锤树、细果秤锤树分布在经济较发达的江浙一带，生境丧失是必然的。其他种类的分布区也比较狭小，生境比较破碎，居群间基因交流受阻，容易近交衰退，情况也不容乐观。

内因方面，虽然秤锤树属的植物开花繁密，结果率也挺高，但是种子具有深休眠习性。在野生状态下，一般要经过 2～3 年时间才能萌发。这严重影响了秤锤树属居群的更新和扩大。离体胚实验表明，秤锤树的胚并无休眠习性，制约其萌发的因素主要来自坚硬的木质化果皮和致密的胚乳结构的机械阻隔（图 05）。去除果皮、增大胚乳的通透性，可以很大程度上提高种子的萌发率。

图 05 秤锤树果实纵剖图

虽然在野外濒临灭绝，但秤锤树现在已经可以采用人工播种和剪取枝条扦插的方式来繁殖。在华中、华东一些地区的植物园、校园、绿地或公园中已经有少量园林应用，生长状态十分良好。秤锤树春季花白如雪，秋季果实累累，形似秤锤，颇为独特。希望大家认识到一个物种诞生、进化和生存的不易，且看且珍惜。

（作者：莫海波）

陀螺果

自带仙气的小粉花，名字却土得掉渣

    姹紫嫣红的春天里，植物们抖擞起精神，绽放出满树的繁花，似乎要把积蓄了一冬的力量，都化为绚烂的美景。而在上海辰山植物园的岩生植物园里，有一种植物，悄悄地在枝头上打开了一朵朵向下低垂的粉红色花朵（图01）。它是那么的形单影只、与世无争，看得让人顿生怜悯。然而，你若多看一会儿，会觉得它是那么的清新脱俗。它，就是我国特有的植物 —— 陀螺果。

图 01 陀螺果开花照片

1. 陀螺果怪名的由来

陀螺果为安息香科陀螺果属落叶乔木，该属仅有陀螺果一种。历史上，胡先骕先生分别在 1934 年和 1963 年记录了川陀螺果（*Melliodendron xylocarpum* H. H. Hu）和宜丰陀螺果（*Melliodendron jifungeuse* H. H. Hu），但是现在都只是作为陀螺果的异名而存在。

陀螺果的花朵形态优美，白色或桃红色，1 ～ 2 朵花生于上一年的枝条上。大家一定好奇，花朵如此小清新的植物，为什么叫"陀螺果"这么"土"的名字？只要你看一下它的果实就明白了。原来它的果实，具 5 ～ 10 条棱脊（图 02），像极了以前农村里用木头削制的陀螺，因而得了这么个奇怪的名字。只是，对于现在城市里长大的孩子，陀螺已显得陌生，现在的生活中有太多的、比陀螺好玩的玩具。除了"陀螺果"这个名字外，还有些人觉得它的果实好像乌鸦的头（图 03），而颜色黄褐似沙梨，所以又叫它"鸦头梨"。

图 02 陀螺果果实

图 03 小嘴乌鸦

2. 名副其实的"活化石"植物

陀螺果是在上个世纪初的时候被西方学者发现并命名的，属名 *Melliodendron* 是为了纪念陀螺果的早期采集者、奥地利昆虫学家鲁道夫·埃米尔·梅尔（Rudolf Emil Mell）。其种加词 *xylocarpum* 是"大型木质果实"的意思，在希腊语中，xylon 是"木"的意思，而 karpos 是"果实"的意思。

1922 年，奥地利植物学家海因里希·冯·汉德尔-马泽蒂（Heinrich von Handel-Mazzetti）根据鲁道夫·埃米尔·梅尔在 1917 年采的花、果标本以及他自己在 1918 年采的幼果标本而将陀螺果属描述为一个新属，用 Mell 来命名。

如今，陀螺果只产于中国云南、四川、贵州、广西、湖南、广东、江西和福建，一般生长在海拔 1000 ～ 1500 米的山谷、山坡湿润林中。除了这些野生分布外，陀螺果在英国康沃尔郡、加拿大英属哥伦比亚大学还有引种栽培，且生长良好。

但在历史上，陀螺果不仅仅分布于中国，在日本近畿区附近低地地区发现的植物大化石证据就表明，晚上新世早期当地就有陀螺果的存在。该地区当时的主要树种是一些现在已经在日本灭绝的亚热带树种，如陀螺果、小叶栎（*Quercus chenii*）、牛鼻栓属（*Fortunearia* spp.）等。晚上新世末期到更新世早期，气温急剧下降，适宜暖温带气候的陀螺果在日本逐渐灭绝。

3. 潜在的应用价值

说到陀螺果，很多没见过的人都会想：如果长得像陀螺，那该有多难看啊。其实不然，陀螺果干形通直，树冠美丽，花先叶开放，4—5 月盛开时繁花似雪，清新脱俗。成年大树枝下高大于 10 米，可做庭院观赏树木和行道树，被世界上历史最悠久的植物学杂志《柯蒂斯植物学杂志》（*Curtis's Botanical Magazine*）（图 04）誉为从中国引种的

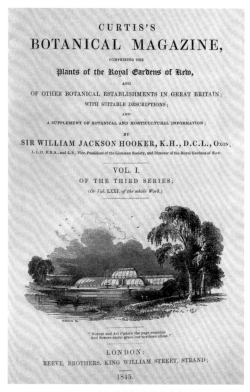

图 04 《柯蒂斯植物学杂志》

最美安息香科植物。

不仅如此，陀螺果的种仁还富含油脂，含油量高达 49.6%，其中油酸含量占脂肪酸含量的 73%，可做油料植物。同时，陀螺果生长较快，且木材为黄白色，材质松软，适合制作家具、工具等，是良好的用材树种。

如此美妙且神秘的陀螺果，打动你的心了吗？

（作者：寿海洋）

舟山新木姜子

天生与佛有缘的珍稀树种

　　深秋的上海辰山植物园是欣赏缤纷秋叶与秋果的最佳时刻。虽然天气日渐寒冷，但在植物园内，几株高大的舟山新木姜子却依然生机盎然（图01）。鲜红圆润的果实簇生在枝条上（图02），在绿叶丛中分外耀眼。如果你再仔细一瞧，还能看见其他枝条上盛开着的毫不起眼的黄色小花（图03）。

图01 舟山新木姜子植株

图 02 舟山新木姜子果枝

图 03 花枝

舟山新木姜子

1. 优良的观赏树种

舟山新木姜子树干通直，树姿美观。舟山新木姜子在秋冬季开花，此时红果满枝，花、果、叶相映衬，十分艳丽，是不可多得的观叶、观果树种，适宜在长江流域及沿海各地作为庭院观赏树及行道树栽植。舟山新木姜子在园林绿化中的应用可改变东南部沿海城市长期缺乏色彩、季相变化不明显的缺点。

图 04 嫩枝叶

2. 天生与佛有缘

舟山新木姜子幼嫩的叶片背面密被金黄色绢状柔毛，在阳光照耀及微风的吹动下泛起层层亮光，十分美丽，就如寺庙里和尚的袈裟，可谓与佛相伴，金光闪闪，被誉为"佛光树"，呈现出普陀佛教的文化内涵，为佛国增添了一层神秘莫测的色彩。1996 年，因具有鲜明的地方特色和浓厚的佛教文化内涵，舟山新木姜子被评选为舟山市市树。

3. 岛屿物种

舟山新木姜子是一个东亚地区间断分布的岛屿特有种，主要分布于我国的浙江舟山群岛（上海崇明佘山岛有分布记载）和台湾兰屿岛，日本的琉球、四国、九州、本州等岛屿以及朝鲜半岛的沿海岛屿。古地质历史研究发现，冰期-间冰期循环使连接日本与东亚大陆及其附近岛屿的陆桥反复发生连接和隔离，为物种在东亚大陆、朝鲜半岛、日本群岛及台湾等地区之间的迁移交流提供了机会。舟山新木姜子作为一个岛屿特有种，是研究岛屿隔离对物种分化和演化的典型物种。浙江大学对这一物种进行了深入的研究，对其遗传资源的保护提供了理论基础。

4. 珍稀濒危的乡土植物

舟山新木姜子是全球木本植物中，唯一以"舟山"命名的树种。1826 年荷兰植物学家布卢姆（Blume）在舟山采到模式标本后，该种为世人所知。

经调查发现，舟山新木姜子分布在浙江舟山桃花岛、大猫岛、普陀山、朱家尖等岛屿。一般以单株散生状分布，大树多分布在禅院、寺庙等处，极少形成群落，种质资源较为贫乏。尤其是 20 世纪五六十年代的过度砍伐，加之人类活动使其适宜生境减少，造成野外资源日益减少，因此在 1999 年国务院批准的《国家重点保护野生植物名录（第一批）》中，该树种被列为国家二级重点保护植物，并被载入中国珍稀濒危保护植物红皮书。

（作者：王凤英）

百山祖冷杉

接近灭绝边缘的植物

在中国的名山大川中，很少有山因为一种植物而名扬天下，而百山祖却是这样一个特例。大家是先听说了一种古老而极度濒危的植物——百山祖冷杉，才知道浙江西南地区有一座叫百山祖的山。

百山祖，又称万里林，位于浙江省丽水市庆元县百山祖镇境内，属于武夷山系洞宫山脉，主峰雾林山海拔 1856.7 米，被誉为"百山之祖"，是浙江省第二高峰（图 01）。这里保存有原生状态的森林，其中最著名的便是百山祖冷杉。

图 01 百山祖景观照

1. 处于灭绝边缘的植物

百山祖冷杉（*Abies beshanzuensis*）是松科冷杉属的一个树种，为中国特有的古老孑遗植物，只在浙江省庆元县百山祖发现生存，长于海拔 1700 米的地区。冷杉是裸子植物中的一个小家族，但家族成员也不少，仅中国就有 20 多种，其中 7 种被列为国家保护植物。

百山祖冷杉是冷杉家族中最珍贵的种类，有"植物活化石"及"植物大熊猫"的美称，已被列为国家一级保护植物（图 02）。百山祖冷杉被认为是第四纪冰川期冷杉从高纬度的北方向南方迁移的结果，对研究植物区系演变和气候变迁等具有重要的科学价值。

百山祖冷杉目前只剩下 3 株野生植株，被国际物种保护委员会（SSC）列为世界最濒危的 12 种植物之一。由于珍稀，它受到了社会的极大关注，成为植物中的明星物种。1992 年我国发行过一套《杉树》邮票，共有四枚，由水杉、银杉、秃杉和百山祖冷杉组成，80 分面值的邮票图案就是百山祖冷杉（图 03）。

图 02 百山祖冷杉野外照

图 03 百山祖冷杉邮票

图 04 百山祖冷杉球果

2. 百山祖冷杉的发现

早在 1963 年，浙江丽水市龙泉县林业部门的吴鸣翔，到百山祖进行野外考察时，发现几株表皮灰黄色的针叶树。但是多年等待其结果却一直未能如愿，直到 1975 年，吴鸣翔发现树上结出了淡黄色球果（图 04），终于确认它们是冷杉。1976 年 3 月下旬，《植物分类学报》编辑部在北京召开了百山祖冷杉鉴定会。吴鸣翔在中国科学院植物研究所专家的指导下，完成了题为"百山祖冷杉——中国大陆东南首次发现冷杉，属稀有珍贵树种"的论文并发表（图 05）。吴鸣翔由此成为给冷杉定名的第一个中国人。

冷杉属起源于白垩纪中期

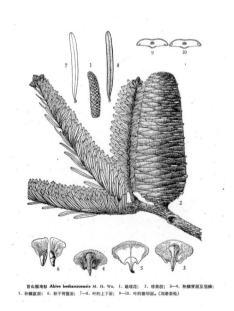

百山祖冷杉 Abies beshanzuensis M. H. Wu，1. 雄球花；2. 球果枝；3—4. 种鳞背面及苞鳞；5. 种鳞腹面；6. 种子背腹面；7—8. 叶的上下面；9—10. 叶的横切面。（刘春荣绘）

图 05 手绘图谱

（距今约 1.2 亿一1 亿年前），当时多分布于寒冷湿润的高纬度、高海拔地带。但第四纪冰川期到来后，全球气温下降，冷杉分布区就向低纬度和中低海拔地区扩散。冰川期过后，全球气温上升，我国南部低海拔地带不再适于冷杉栖身，于是其分布区向高纬度和高中海拔山地退缩，这造就了冷杉在我国南方呈孤岛分布的状态。

3. 导致百山祖冷杉濒危的机制

百山祖冷杉由于植株数量少，零星分布，濒临灭绝，而被列为国家一级重点保护野生植物，并被《中国生物多样性红色名录 —— 高等植物卷》列为"极危"物种。

从物种发表之初，不断有学者研究导致百山祖冷杉濒危的机制，目前认为的致危因素包括：全球气候变迁，迫使其分布区发生变化；人类开发活动及森林火灾，使分布区的"孤岛"面积更为缩小；物种之间生存竞争激烈；由于多雨的小气候，土壤淋浴作用强烈，造成土壤贫瘠，百山祖冷杉积聚养分以开花结实的间隔期长，开花的机会难得；百山祖冷杉种群内部变异分化，形成性别分离和个体生态差异，也成为自然有性繁殖的障碍之一。

总之，百山祖冷杉濒危、稀有的因素既有环境因素，也有物种本身的内在因素。若任其自然演变，百山祖冷杉很难避免灭绝的趋势。

4. 抢救性保护极危物种

为了抢救百山祖冷杉，2017 年 8 月，在浙江省林业厅的支持下，浙江大学成立了百山祖冷杉抢救保护工程研究团队。百山祖国家级自然保护区与浙江大学农业与生物技术学院签订了《百山祖冷杉组织培养研究试验》技术合同，以建立高效的百山祖冷杉离体保存及组织培养再生体系。该试验以百山祖冷杉未成熟球果为起始材料，将未成熟球果表面消毒后，剥取其未成熟胚，在含有各类营养成分的培养基中，

图 06 百山祖冷杉幼苗

进行离体无菌培养。

　　可喜的是，2018 年终于培育出了世界首例百山祖冷杉胚胎，并形成幼苗（图 06）。这为百山祖冷杉人工繁育带来了全新前景，标志着这种起源于白垩纪中期的"植物活化石"得以"开枝散叶"。

（作者：王凤英）

夏蜡梅

神奇了，还有夏天开花的"蜡梅"？

寒冬时节，大雪纷飞，万木凋零。天色昏沉的环境里，正是蜡梅斗寒傲雪、竞相绽放的景象。古人用"金蓓锁春寒""一花香十里"来吟咏蜡梅。然而却有一种蜡梅科植物，不在冬季迎着寒风绽放，而是在炎炎夏日开出淡雅美丽的花朵。这，便是夏蜡梅（*Calycanthus chinensis*）。

1. 蜡梅与夏蜡梅的区别

夏蜡梅和蜡梅虽然只有一字之差，但二者在形态上还是具有很大的区别。

首先是叶片（图01、图02）：夏蜡梅叶片多为膜质，呈现卵圆形或倒卵形，对生。而蜡梅的叶片为纸质或近革质，形态多样，有卵圆形、椭圆形、宽椭圆形至卵状椭圆形等。

其次是花朵（图03、图04）：夏蜡梅花朵大，单生于嫩枝顶端，花被二型，外轮花瓣一般 12 ～ 14 片，白色或粉红色，花瓣边缘稍带紫红色；内部花瓣一般 9 ～ 12 枚，肉质，花瓣上部淡黄色，基部呈现白色或浅紫色。蜡梅的花单生于叶腋，先花后叶，花梗极短，芳香；花被片约 16 枚，蜡黄色，有光泽；外花被片椭圆形，内花被片小，椭圆状卵形，通常有深色条纹或斑纹。

图 01 夏蜡梅叶片

图 03 夏蜡梅花朵

图 02 蜡梅叶片

图 04 蜡梅花朵

再次是花期：夏蜡梅一般初夏开花，先叶后花，香味不及蜡梅。而蜡梅花则先花后叶，花期为冬季至初春。

最后是果实（图 05、图 06）：夏蜡梅果实呈矩圆形，颜色为深褐色，有白色茸毛，果期为 9—10 月。而蜡梅果实呈坛状或倒卵状椭圆形，有被毛，果期为 4—10 月。

2. 观赏价值

夏蜡梅，又被称为牡丹木、黄枇杷等，是"正宗"的蜡梅科植物。野外多生于海拔 600～1100 米的山坡或溪谷，花朵大而美丽，具有较

图 05 夏蜡梅果实

图 06 蜡梅果实

高的观赏性和园林应用的价值，为中国特有的一种落叶观赏花木。

夏蜡梅形态优美，枝繁叶茂，花朵硕大，花色柔媚。它的花色呈白色或浅粉色，边缘加深，呈紫红色，较有特色，淡雅美丽，带来芬芳，令人赏心悦目。加上其花期特殊，一反蜡梅于隆冬腊月开花的习惯，直到初夏才绽放花朵，因而也就更加显得弥足珍贵了。东邻的日本，欧洲的英、法，美洲的美国和加拿大等的许多植物园和花卉爱好者都把引种的夏蜡梅当作珍宝。

3. 夏蜡梅的发现

20 世纪 60 年代，夏蜡梅在我国浙江省临安西部的顺溪坞、茶园源至龙门坑一带和天台东部的大雷山相继被发现，成为植物学界的重要发现之一；随后又在临安苦李湾、大明山、千亩山发现有夏蜡梅的零星分布。1964 年，我国植物学家郑万钧和章绍尧共同发表了夏蜡梅这一新种。

因为它分布范围狭窄，个体数量稀少，而且其特殊的分类地位对系统进化方面具有很大的研究价值，所以引起了国内外学者的广泛关注。也有学者认为夏蜡梅与生长在太平洋彼岸的美国蜡梅（*Calycanthus floridus*）（图 07）渊源很深，推测两者可能存在共同的祖先，因此于 1979 年出版的《中国植物志》和 2008 年出版的 *Flora of China*

图 07 美国蜡梅

将夏蜡梅置于夏蜡梅属（*Calycanthus*）之下，因此夏蜡梅的学名遂成为 *Calycanthus chinensis*。

4. 濒危状况

夏蜡梅分布区狭窄，由于长期滥采乱挖，夏蜡梅野生资源遭到严重破坏，生态环境恶化，天然分布区逐渐缩小，个体数越来越少。为加强保护，该种已被列为国家二级保护珍稀濒危植物。

夏蜡梅的开花属"集中开花模式"，以此来增加其花粉在个体内、邻近个体间的传递。虽然这有助于其成功传粉，但不利于花粉在群体间的扩散。加之夏蜡梅自然分布区荫蔽、湿润，传粉昆虫不丰富且活动困难，这些因素都会不同程度地导致自交和近交衰退。因此，这种开花模式也可能是导致该物种濒危的一个因素。

（作者：王凤英）

— 连香树 —

如此优秀的秋色叶树，却难得一见！

有一类植物在新生代第三纪或更早在地球上有广泛的分布，而现今大部分已经因为地质、气候的变化而灭绝，只存在于很小的范围内。这些植物保留了其远古祖先的原始形状，故被称作孑遗植物，或者活化石植物。我国珍贵树种连香树（*Cercidiphyllum japonicum*）便是其中的一员。

1. 美丽的秋色叶树

连香树树姿高大雄伟，树干通直，叶型奇特美观（图 01），春末夏初开花，花朵小巧却不失烈焰之美。连香树雌雄异株，先叶开放或与叶同放，雄花常 4 朵丛生，苞片在花期红色，花丝纤细，花药红色（图 02）。雌花 2 ～ 6 朵，丛生。连香树虽无花瓣，每朵雄花只有四根细长的花丝，像麻花一样绞在一起（图 03），却完全不影响其独特的魅力。每逢花期，远远望去，这些看似稀落的花丝组合在一起，仿佛一树火红渲染了半边天；簇拥一群的红色花朵，宛若满树振翅欲飞的蝴蝶，在微风中翩翩起舞。

连香树的花朵在植物界算不上漂亮，但是它的叶子独具魅力。叶片形状奇特，形如紫荆（这也正是其属名 *Cercidiphyllum* 的意思），其叶色季相变化特别丰富，春天为紫红色，夏天呈翠绿色、秋天转为金

图 01 连香树叶片

图 02 雄花

图 03 雌花

黄色、冬天又变成了深红色，可谓四季变换，多姿多彩。作为典型的彩叶树种，连香树具有极高的观赏价值。加上连香树树体高大、姿态优美，树龄又长，而且花美叶更美，因而成为园林绿化和景观配置方面的优良树种。

2. 古老的孑遗树种

连香树为第三纪古热带植物的孑遗种单科植物，从距今 6500 万年前的第三纪出现并繁衍至今，是地球上最古老的孑遗植物之一。连香树既是古老的珍稀物种，又是具有多种应用价值的珍贵物种。

连香树之所以珍稀，不仅因为它用途广泛，还缘于它是单科单属植物。连香树科仅有连香树属这一个属，该属是东亚植物区系的特有属。该属共 2 种，即连香树和大叶连香树（*C. magnificum*）。连香树主要分布于西自四川，东至浙江，北起山西，南达江西等省；此外，日本也有分布。大叶连香树主要分布于日本。

作为较古老原始的木本植物，连香树已在地球上生存了 260 万年至 6500 万年。6500 万年前地球进入被子植物高度繁荣的新生代，而连香树就是从 6500 万年前的第三纪出现并繁衍至今的。经历多次地质年代变迁的连香树至今仅在中国和日本有小片的间断分布，在我国仅星散分布于皖、浙、赣、鄂、川、陕、甘、豫及晋东南地区，对于研究第三纪植物区系起源以及中国与日本植物区系的关系等，都具有重要的科研价值（图 04）。

3. 濒危的现状

连香树种群数量十分有限，且主要分布于各个孤立山区。现存天然分布的连香树往往依存于亚热带山地，为低海拔平原所间隔，鄂西北的连香树已明显呈岛状分布。地理分布点之间的空间隔离，往往会成为相互间基因交流的障碍，使物种趋向衰亡。连香树现存的自然种

图 04 连香树果实

群个体数目小，种群之间被低海拔平原隔离，雌雄异株，较少更新，天然更新困难，在自然状态下已处于稀有状态。连香树为雌雄异株，结实率低，零散间断分布格局增加了连香树雌、雄株之间传粉授精的难度，天然更新比较困难，造成资源稀少，大树、老树更是十分罕见。加上近年来生存环境屡遭破坏，资源更趋稀少，几乎已濒临灭绝，因此被列入《中国珍稀濒危植物名录》《中国植物红皮书》和第一批《国家重点保护野生植物名录》，成为国家二级重点保护野生植物。

（作者：王凤英）